四川盆地及周缘页岩气地质研究进展

自然资源部油气资源战略研究中心 等 编著

科学出版社

北京

内 容 简 介

本书系统梳理国内外页岩气勘探开发进展与地质新认识，重点介绍四川盆地及周缘页岩气基本地质特征，剖析重点页岩气田，建立页岩气富集模式，探讨页岩气资源评价方法和关键参数取值，提出四川盆地及周缘未来页岩气勘探重点领域，并分三种情景预测2035年前该区域页岩气储量产量变化趋势。

本书可供页岩气勘探开发和研究工作者使用，也可供石油院校师生阅读参考。

图书在版编目(CIP)数据

四川盆地及周缘页岩气地质研究进展/自然资源部油气资源战略研究中心等编著. —北京：科学出版社，2023.4

ISBN 978-7-03-050160-8

Ⅰ. ①四… Ⅱ. ①自… Ⅲ. ①四川盆地-油页岩-石油天然气地质-研究 Ⅳ. ①P618.130.2

中国国家版本馆CIP数据核字(2023)第056360号

责任编辑：吴凡洁 李亚佩 / 责任校对：王萌萌
责任印制：吴兆东 / 封面设计：黄华斌

科学出版社 出版
北京东黄城根北街16号
邮政编码：100717
http://www.sciencep.com

北京中科印刷有限公司 印刷
科学出版社发行 各地新华书店经销
*
2023年4月第 一 版 开本：787×1092 1/16
2023年4月第一次印刷 印张：9
字数：210 000

定价：118.00元
(如有印装质量问题，我社负责调换)

本书主要作者

李登华　姜文利　高　煖　高　阳　杨跃明
唐建明　何希鹏　杨家静　熊　亮　高玉巧
郑志红　姜　航　贾　君　胡洪瑾　昝　昕
袁东山　刘　明　张培先　吴　伟　田　冲
张南希　刘成林　郭天旭

前言

美国是全球页岩气发现最早、开发最成功的国家。1821 年美国完钻了第一口页岩气井，但因产量低、效益差，开发进展缓慢。21 世纪以来，在政策扶持和科技创新等因素推动下，美国页岩气获得成功开发，2005 年页岩气产量突破 200 亿 m^3，助推其天然气产量触底反弹，并在 2017 年实现天然气净出口。2021 年美国天然气产量超过 9600 亿 m^3，其中页岩气产量约占 70%。

借鉴美国成功经验，我国在四川盆地及周缘实现了页岩气规模效益开发。20 世纪八九十年代，我国专家学者就开始关注页岩气的理论研究。进入 21 世纪，国土资源部油气资源战略研究中心（现为自然资源部油气资源战略研究中心）、中国地质大学（北京）、中国石油天然气集团有限公司（以下简称中石油）、中国石油化工集团有限公司（以下简称中石化）等单位在跟踪美国页岩气地质理论和技术的基础上，开展了中国页岩气地质条件和资源潜力评价研究。2009～2011 年，国土资源部先后组织开展了“中国重点地区页岩气资源潜力及有利区优选”项目和“全国页岩气资源潜力调查评价及有利区优选”项目，明确提出四川盆地及周缘海相页岩气为中国最有利的页岩气勘探开发领域，并于 2012 年公开发布了中国页岩气资源评价成果，为页岩气勘探开发奠定了坚实基础。2011 年底，在国土资源部的大力推动下，经国务院批准，页岩气成为我国第 172 个独立矿种。2014 年中石化探明了中国第一个页岩气田——涪陵气田，自此中国页岩气进入快速发展阶段。截至 2021 年底，我国页岩气累计探明地质储量 2.75 万亿 m^3，绝大多数来自四川盆地及周缘。2021 年我国页岩气产量达到 228.4 亿 m^3，同比增长超过 14%，占全国天然气产量比例超过 11%。

四川盆地及周缘是我国页岩气勘探开发的主战场，开展该区域的页岩气资源评价具有极为重要的现实意义。2021 年，自然资源部油气资源战略研究中心组织中石油和中石化相关单位，在历次全国页岩气资源评价成果的基础上，系统总结了国内外页岩气勘探开发进展和地质新认识，深入剖析了四川盆地及周缘的页岩气富集条件，明确了页岩气资源评价方法和关键参数取值标准，提出了未来四川盆地及周缘页岩气重点勘探领域，预测了该区域页岩气储量产量的变化趋势，以期得出一些重要启示，对我国其他盆地和地区的页岩气产业发展提供参考。

本书由李登华负责组织编写与定稿，姜文利负责协调保障，高煖、高阳、杨跃明、唐建明、何希鹏、杨家静、熊亮、高玉巧、刘明、郑志红、姜航、贾君、胡洪瑾、昝昕等参加统稿。前言由李登华编写；第一章国内外勘探开发进展与地质新认识由李登华、高煖、刘成林、郑志红、贾君、昝昕等编写；第二章四川盆地及周缘页岩气富集条件由李登华、高煖、高阳、杨家静、袁东山、张培先、吴伟等编写；第三章页岩气资源评价由李登华、高阳、高煖、郭天旭、姜航、胡洪瑾等编写，第四章页岩气资源潜力分析由李登华、高煖、杨家静、袁东山、张培先、张南希、田冲等编写；第五章结语由李登华编写。

本书编写以历次全国页岩气资源评价成果为基础，这些工作得到了自然资源部、自然资源部油气资源战略研究中心、中石油、中石化等有关部门领导和专家的大力支持和帮助，在此一并表示感谢。同时，衷心感谢张洪涛、康玉柱、杨虎林、许光、包书景、吴国干、戴少武、龙胜祥等院士和专家在研究过程中的精心指导和悉心帮助。

最后，四川盆地及周缘是我国页岩气最富集的区域，已实现了规模效益开发，笔者等期望通过对该区域地质条件的深入剖析，对其他区域页岩气勘探开发有所借鉴，从而推动我国页岩气产业的快速发展。由于编写人员水平有限，书中难免有不妥之处，敬请读者批评指正。

目录

第一章

国内外勘探开发进展与地质新认识

第一节　国外页岩气勘探开发进展

一、全球页岩气资源量及分布

美国能源信息署 2015 年发布了全球页岩气资源量数据(表 1-1-1)。全球技术可采资源量为 220.69 万亿 m^3，位于前三位的分别是中国(31.57 万亿 m^3)、阿根廷(22.71 万亿 m^3)、阿尔及利亚(20.02 万亿 m^3)，其次是美国(18.23 万亿 m^3)和加拿大(16.22 万亿 m^3)。美国、中国、加拿大、阿根廷已实现页岩气商业化开采，2020 年页岩气年产量如图 1-1-1 所示。

表 1-1-1　全球页岩气资源量分布

序号	国家	技术可采资源量/万亿 m^3	所占比例/%
1	中国	31.57	14.31
2	阿根廷	22.71	10.29
3	阿尔及利亚	20.02	9.07
4	美国	18.23	8.26
5	加拿大	16.22	7.35
6	墨西哥	15.43	6.99
7	澳大利亚	12.37	5.61
8	南非	11.04	5.00
9	俄罗斯	8.07	3.66
10	巴西	6.94	3.14
11	其他国家	58.09	26.32
合计		220.69	100

二、主要国家页岩气勘探开发进展

(一) 美国

美国是第一个成功进行页岩气勘探开发的国家。美国自 1821 年钻探第一口井深仅

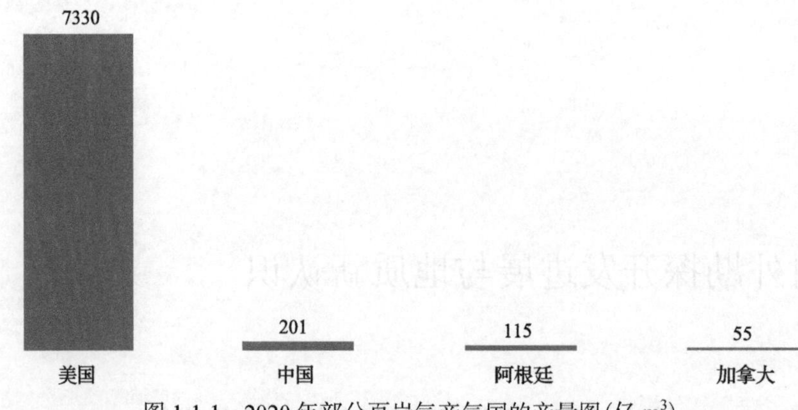

图 1-1-1 2020 年部分页岩气产气国的产量图(亿 m^3)

8m 的页岩气井以来，经过了近 200 年的发展，主要经历了四个阶段：第一阶段(1821～1978 年)，偶然发现阶段；第二阶段(1978～2003 年)，认识创新与技术突破阶段；第三阶段(2003～2006 年)，水平井与水力压裂技术推广应用阶段(大发展阶段)；第四阶段(2007 年至今)，全球化发展阶段。

美国有 20 个页岩气远景区 16 个盆地，多数为前陆盆地，页岩为海相成因，有机质丰度高。全美页岩平均埋藏深度为 2286m，部分浅的为 914.40m。埋藏深度较浅的页岩在钻井成本上具有竞争力，往往等同于较低的生产成本。1981 年实现大规模压裂使 Barnett 页岩成为美国第一个页岩气规模商业化开采的页岩，由此推动了美国页岩气勘探开发的蓬勃发展和重大突破，在全美及全球掀起了页岩气勘探开发的热潮。目前，美国商业性页岩气开发盆地主要包括沃斯堡(Fort Worth)盆地(Barnett 页岩)、密歇根(Michigan)盆地(Antrim 页岩)、伊利诺伊(Illinois)盆地(New Albany 页岩)、阿巴拉契亚(Appalachia)盆地(Ohio 与 Marcellus 页岩)和圣胡安(San Juan)盆地(Lewis 页岩)。美国在钻井和水力压裂服务行业已拥有相当丰富的经验。页岩气勘探和开发已经完全商业化运作，勘探开发技术处于领先地位。2018 年，页岩气探明储量占美国天然气总探明储量的 66%，页岩气产量为 6072 亿 m^3，使美国从天然气进口国跃变为天然气出口国，之后页岩气储产量稳步上升，2019 年美国页岩气探明储量达到 99983 亿 m^3，产量为 7029 亿 m^3，增长了 957 亿 m^3，占全球天然气产量增长的 73%。2020 年产量为 7330 亿 m^3，约占美国天然气总产量的 80%。2020 年以来，美国的页岩气产业连续经历了数次重大挑战。由于新冠疫情的影响，全球的能源需求都出现了缩减，国际原油价格一直低位徘徊，运输行业也受到了较大的冲击，大批企业申请破产，诱发了全行业进入“破产潮”，2020 年 5 月页岩气产量减少 400 亿 m^3 以上，深度破产重组后 6 月产量开始逐步恢复。美国的页岩气企业已计划在未来几年实施减产措施。据美国能源信息署估计，减产主要是因为产能井数量减少，但是单井产量会增加。

(二) 加拿大

加拿大是继美国之后第二个实现页岩气商业开发的国家。大部分资源分布在广阔的西加拿大盆地中，盆地构造稳定，页岩主要发育在三叠系 Montney 组、白垩系 Colorado 群及泥盆系，为被动陆缘海相环境。含气页岩埋藏深度和厚度相对优越，页岩主体埋深大约 2438.4m，主要厚度为 60.96～121.92m，有机质丰度较高，黏土矿物含量低，热成熟度高，页岩往往略有超压。

由于离常规天然气管道基础设施较近，西加拿大盆地大部分地区都有利于页岩气开发，且已开展页岩气勘探多年，也做了大量页岩气开发阶段的工作。2020 年加拿大全年页岩气产量为 55 亿 m^3。

（三）阿根廷

阿根廷地质构造上西部受挤压，东部为拉张，境内页岩气资源储量丰富，其中 6 个盆地已发现油气。阿根廷在已发现的陆上含油气盆地中共发育 11 套烃源岩，烃源岩形成的沉积环境和构造背景不同，其中 5 套烃源岩为海相烃源岩，6 套烃源岩为湖相烃源岩。烃源岩所处的盆地自北向南分别为查科（Chaco）盆地、白垩（Cretaceous）盆地、库约（Cuyo）盆地、内乌肯（Neuquén）盆地、圣豪尔赫（San Jorge）盆地和奥斯特勒尔（Austral）盆地。其中，阿根廷最大的页岩油气储藏在内乌肯盆地。2020 年阿根廷页岩气产量为 115 亿 m^3。

据阿根廷最大的国家石油公司 YPF 公司的数据，内乌肯盆地的巴卡穆埃尔塔页岩油气田拥有 6610 亿 Bbl 石油和 33.4 万亿 m^3 的天然气资源。内乌肯盆地发育四套烃源岩，包括三叠纪裂谷期陆相烃源岩、侏罗纪—白垩纪拗陷期海相页岩，其中最主要的烃源岩为晚侏罗世发育的 LosMolles 组和 VacaMuerta 组海相页岩。总有机碳（total organic carbon, TOC）为 3%～8%，Ⅰ型和Ⅱ型干酪根，处于生油和生气窗内，厚度 25～450 m，是页岩油气勘探的重要目标。内乌肯盆地另外两套页岩，埋藏深度分别为 2438.4m 和 3657.6m，与巴拉那—查科（Parana-Chaco）盆地相比，这两套页岩热成熟度较高、TOC 含量较高并具有较高的超压。

（四）其他地区和国家

1. 南美

页岩主要分布在巴拉圭、巴西、阿根廷、玻利维亚等国家。据美国能源信息署 2013 年公布的报告，巴西三个陆上盆地巴拉那、索利蒙伊斯（Solimões）及亚马孙（Amazonas）拥有约 6.9 万亿 m^3 技术可采的页岩油气资源。玻利维亚的巴拉那—查科盆地与位于阿根廷的内乌肯盆地也是重要的页岩油气资源富集区。其中，巴拉那—查科盆地烃源岩主要为晚泥盆世海相沉积的页岩，其埋藏深度较浅（2286m）、厚度较大（304.8m）、黏土矿物含量低、有机质丰度中等（TOC 为 2.5%）、热成熟度较低（R_o 为 0.9%）。

2. 南非

页岩主要分布在卡鲁（Karoo）盆地，盆地横跨南非近 2/3 的区域。在该盆地发育有三套远景页岩，均为二叠纪前陆盆地海相沉积。页岩相对较厚，为 30.48～45.72m，埋藏浅，为 2438.4m，黏土矿物含量低，有机质丰度高（Whitehill 组 TOC 为 6%）、成熟且超压。自 2015 年钻井工作启动，卡鲁盆地的勘探活动一直在增加。其实，卡鲁盆地在 1970 年前就有天然气钻井，展现了天然裂缝产气潜力。

3. 澳大利亚

澳大利亚落实了四个有远景的盆地——中部库珀(Cooper)盆地、昆士兰的马里伯勒(Maryborough)盆地及西部的珀斯(Perth)盆地和坎宁(Canning)盆地。这四个盆地合计页岩气技术可采资源量约 11.2135 万亿 m^3。就盆地类型和形成时期而言，每个盆地都有完全不同的特点。但是，除了二叠系页岩为湖泊沉积外，其余所有页岩都是海相成因。埋深最浅的页岩气储层位于库珀盆地，埋藏深度为 2438.4m，页岩气埋深较大的盆地为珀斯盆地(3048m)和坎宁盆地(3657.6m)。所有盆地页岩储层地质特征优越，如黏土矿物含量低，热成熟度较高，常压到超压，有机质丰度较高(TOC＞2.5%，约为 3.5%)。在澳大利亚，尤其是库珀盆地(Beach 石油公司)和坎宁盆地(Buru 能源公司)已在进行规模性的页岩气勘探工作。

4. 北非

页岩主要分布于两个盆地，阿尔及利亚境内的盖达米斯(Ghadames)盆地和利比亚的苏尔特(Sirte)盆地。这两个盆地都是克拉通内盆地，发育泥盆系和志留系海相页岩，页岩气地质条件有利，页岩厚度为 30.48～60.96m，TOC 为 3%～5%，超压/正常压力，中等黏土矿物含量及适中的热成熟度。页岩埋藏深度较大，达到 2865.12～3962.4m，平均为 3528.5m。目前已经在盖达米斯盆地内投入较多勘探工作，并且已获得一定的进展。

第二节　国内页岩气勘探开发进展

截至 2020 年底，全国探明页岩气地质储量 20018.18 亿 m^3，页岩气年产量 200.55 亿 m^3。其中，中石油提交探明地质储量为 10610.46 亿 m^3，页岩气年产量为 116.28 亿 m^3；中石化提交探明地质储量为 9407.72 亿 m^3，页岩气年产量为 84.27 亿 m^3(表 1-2-1)。

表 1-2-1　全国页岩气探明储量、产量统计表　(单位：亿 m^3)

全国	探明储量		2020 年产量	累计产量
	地质	可采		
中石油	10610.46	2560.54	116.28	312.60
中石化	9407.72	2156.93	84.27	378.70
合计	20018.18	4717.47	200.55	691.30

注：层系均为五峰组—龙马溪组。

一、全国页岩气勘探开发历程

全国页岩气勘探开发历程可以大致分为裂缝泥页岩油气藏勘探开发阶段、合作探索与地质评价阶段、勘探突破及先导开发试验阶段和页岩气工业化勘探开发阶段。

(一)裂缝泥页岩油气藏勘探开发阶段

20 世纪 60 年代以来，在四川、鄂尔多斯等盆地进行了常规油气勘探开发，发现泥页岩层系中有天然气流。1966 年，四川盆地威 5 井下寒武统筇竹寺组页岩测试获日产气 2.46 万 m^3，Y63 井在上奥陶统—下志留统龙马溪组页岩酸化后测试获日产气 3500m^3。中国学者在 20 世纪八九十年代开始关注页岩气资源。1994～1998 年中国专门针对泥页岩裂缝性油气藏做了大量工作，此后许多学者也在不同含油气盆地探索过页岩气形成与富集的可能性。

(二)合作探索与地质评价阶段

2000 年以来，我国在跟踪美国页岩气地质理论和技术的基础上，从老资料复查、露头地质调查等着手，开展中国页岩气地质条件和资源潜力评价研究。2005 年页岩气勘探开发热潮逐渐兴起，2006 年中石油与美国新田石油公司进行了国内首次页岩气研讨——香山页岩气勘探开发技术研讨，组建了页岩气研究队伍，并设立了页岩气研究项目，对四川盆地古生界页岩开展了钻井资料复查工作。2007 年中国石油勘探开发研究院与美国新田石油公司联合开展了“威远地区页岩气联合研究”，明确了威远地区寒武系筇竹寺组页岩气资源前景，与此同时，对整个蜀南地区古生界海相页岩开展了露头地质调查与老资料(井)复查。2008 年钻探了第一口页岩气地质全取心浅井—— 长芯 1 井，井深 154.6m，取岩心 151.6m，确定四川盆地五峰组—龙马溪组为页岩气开发工作的主力层系。2009 年页岩气评价选区取得了初步成果，得到了社会更多的重视与关注。中石油率先在四川盆地威远—长宁、云南昭通等地进行了页岩气钻探评价，确立了长宁、威远和昭通三个页岩气有利区，启动了产业化示范区建设，与壳牌(中国)有限公司在四川盆地富顺—永川地区进行了中国第一个页岩气国际合作勘探开发项目。中石化在贵州大方—凯里方深 1 井区开展了寒武系筇竹寺组页岩气老井复查。2009 年，国土资源部启动“中国重点地区页岩气资源潜力及有利区优选”项目，并在重庆市彭水县实施了第一口页岩气资源调查井——渝页 1 井。2010 年国家能源页岩气研发(实验)中心揭牌成立。中石油在川南威远地区针对寒武系筇竹寺组、志留系龙马溪组钻探了第一口页岩气勘探评价井——威 201 井，直井压裂获页岩气流，产量为 1 万～2 万 m^3/d，并建立了第一个数字化露头地质剖面——长宁双河剖面，剖面长度 2000m，包括奥陶系五峰组—志留系龙马溪组。

(三)勘探突破及先导开发试验阶段

2011 年国家采取了一系列措施鼓励页岩气资源的勘探开发，在国家科技重大专项中设立页岩气项目，确定页岩气为独立矿种；2011～2012 年通过两轮招标共计出让 19 个页岩气区块。同时，国土资源部组织油气资源战略研究中心实施了全国页岩气资源潜力调查评价及有利区优选项目，并于 2012 年 3 月 1 日对外公布了中国页岩气地质资源量为 134.42 万亿 m^3，可采资源量为 25.08 万亿 m^3。中国工程院也开展了中国非常规天然气开发利用战略研究，认为中国页岩气可采资源量为 10.50 万亿 m^3，并提出中国页岩气开发利用趋势与路线图。2012 年国家发展和改革委员会(以下简称发改委)、财政部、国土资源部和国家能源局联合发布了《页岩气发展规划(2011—2015 年)》，提出了 2015 年实现页岩气 65 亿 m^3 的发展目标；发改委批准设立了涪陵、长宁—威远、昭通和延安四个国家级页岩气示范区；财政部和国家能源局发布了《关于出台页岩气开发利用补贴政策的通知》，对 2012～2015 年开发利用的页岩气补贴 0.4 元/m^3。这些措施极大地激发了企业的积极性，逐渐掀起了页岩气勘探开发的高潮。

2012 年 4 月中石油长宁地区 N201-H1 井五峰组—龙马溪组测试，获日产气 15 万 m^3，实现了中国页岩气勘探与商业开发的突破。2012 年 5 月，中国石油化工股份有限公司勘探南方分公司元坝区块第一口陆相页岩气水平井——元页 HF-1 井完钻并完成压裂测试，2013 年 2 月转入开发，兼探井元坝 21 井、兴隆 101 井、福石 1 井大安寨段测试，获日产气 10 万 m^3 以上。2013 年 9 月，中国石油化工股份有限公司西南分公司金石 1 井在下寒武统九老洞组直井压裂试气获 2.0 万～2.5 万 m^3/d；阆中—南部区块石平 2-1H 井大安寨段大二亚段测试获日产油 8.5～33.79t，日产气 0.4 万～0.8 万 m^3；12 月，新页 HF-2 井在须五段压裂测试获得 3.5 万 m^3/d 工业气流。此外，中石化彭水区块彭页 HF-1 井测试日产气 2.52 万 m^3。2013 年 11 月中石化在川东南涪陵焦石坝地区焦页 1HF 井五峰组—龙马溪组测试，获日产气 20.3 万 m^3，发现了涪陵页岩气田，2013 年启动了涪陵区块页岩气先导开发试验。

（四）页岩气工业化勘探开发阶段

2014 年涪陵页岩气田提交中国首个页岩气探明地质储量 1067.50 亿 m^3，中石化启动涪陵页岩气田产能建设工作。同年，中石油启动了川南地区 26 亿 m^3/a 页岩气产能建设。之后中国页岩气勘探开发进入大发展阶段。2017 年，中石化在涪陵区块实施了页岩气立体开发，实现了页岩气持续稳产上产，并启动了威荣气田产能建设。2018 年威荣气田提交探明地质储量 1246.78 亿 m^3，气藏中部埋深 3702m；此外，中石化在四川盆地威远—荣昌、永川、丁山等地区的五峰组—龙马溪组，以及井研—犍为地区的下寒武统筇竹寺组相继取得勘探突破，并在四川盆地涪陵、元坝、建南等地区的侏罗系自流井组、川西地区的须家河组陆相页岩获得新发现。中石油在川南威远、长宁、昭通等地区形成了五峰组—龙马溪组页岩气商业开发区。陕西延长石油(集团)有限责任公司在鄂尔多斯盆地延长组长 7 段陆相页岩数十口气井获得气流。中国地质调查局对中国南方、华北等地的非油气勘查区开展了页岩气地质调查，在宜昌等地区的下寒武统、志留系取得新发现。中国华能集团有限公司、中国华电集团有限公司、神华集团有限责任公司等能源企业积极参与了页岩气勘探，取得了一定进展。

政府对页岩气资源的政策和规划也逐步完善，保障了页岩气勘探开发的平稳进行，2015 年发布了《财政部　国家能源局关于页岩气开发利用财政补贴政策的通知》，对 2016～2018 年开发利用的页岩气补贴 0.3 元/m^3，对 2019～2020 年开发利用的页岩气补贴 0.2 元/m^3。2016 年国家能源局印发了《页岩气发展规划(2016—2020 年)》。2018 年发布了《财政部　税务总局关于对页岩气减征资源税的通知》，对 2018 年 4 月 1 日～2021 年 3 月 31 日生产的页岩气减征30%资源税。2020年财政部印发了《清洁能源发展专项资金管理暂行办法》，明确2020～2024年通过多增多补的方式延续页岩气补贴政策。

二、海相页岩气勘探开发进展

(一)四川盆地及周缘

四川盆地是以气为主的大型叠合盆地，盆地及周缘油气勘探面积约26万km^2，多套层系中赋存着丰富的页岩气资源。

截至2020年10月，四川盆地及周缘共设置页岩气探矿权27个，面积97833km^2；采矿权8个，面积1385km^2。其中，中石油探矿权13个，面积占比56%，采矿权5个，面积占比44%；中石化探矿权14个，面积占比44%，采矿权3个，面积占比56%。盆地内完成钻井近900口，完成二维地震1.9万km、三维地震1.1万km^2。盆地周缘完成钻井超300口，完成二维地震0.7万km、三维地震0.3万km^2。

1. 川东高陡构造带

1)重庆涪陵页岩气田

2012年，焦页1井试获日产20.3万m^3高产页岩气流，发现了国内最大的页岩气田——涪陵页岩气田。气田开发始于2013年，2014年提交国内首个页岩气探明地质储量1067.50亿m^3，截至2015年底，新建产能达到50亿m^3，高水平、高速度、高质量建成涪陵国家级页岩气示范区，2017年底累计建产能突破100亿m^3(图1-2-1)。2013年投入开发以来，随着焦石坝持续产建，气田产量实现快速增长，到2015年末日产气量达到了1600万m^3以上，并稳产至2017年底；随着老井进入递减期，通过加快江东平桥区块新区产建，强化老井增压开采、排水采气控递减和焦石坝老区立体开发调整等多项措施实现了气田持续稳产、上产。截至2017年11月底，涪陵页岩气田三级储量叠合含气面积789.85km^2，三级储量合计8443.77亿m^3。探明储量含气面积575.92km^2，地质储量6008.14亿m^3，技术可采储量1432.58亿m^3，经济可采储量724.77亿m^3；预测储量含气面积213.93km^2，地质储量2435.63亿m^3，技术可采储量608.91亿m^3(表1-2-2)。

表1-2-2 涪陵页岩气田三级储量汇总表

级别	含气面积/km^2	地质储量/亿m^3	技术可采储量/亿m^3
探明	575.92	6008.14	1432.58
预测	213.93	2435.63	608.91
合计	789.85	8443.77	2041.49

截至2020年6月，涪陵页岩气田有利面积1460km^2，资源量1.5万亿m^3，已探明地质储量6008亿m^3。在南川—凤来区块有勘探突破，明确凤来复向斜、焦石坝西北斜坡、黄草峡背斜、义和斜坡、石柱南部等勘探目标，有利面积316.8km^2，资源量3391.8亿m^3，主要分布在深层(图1-2-2)。

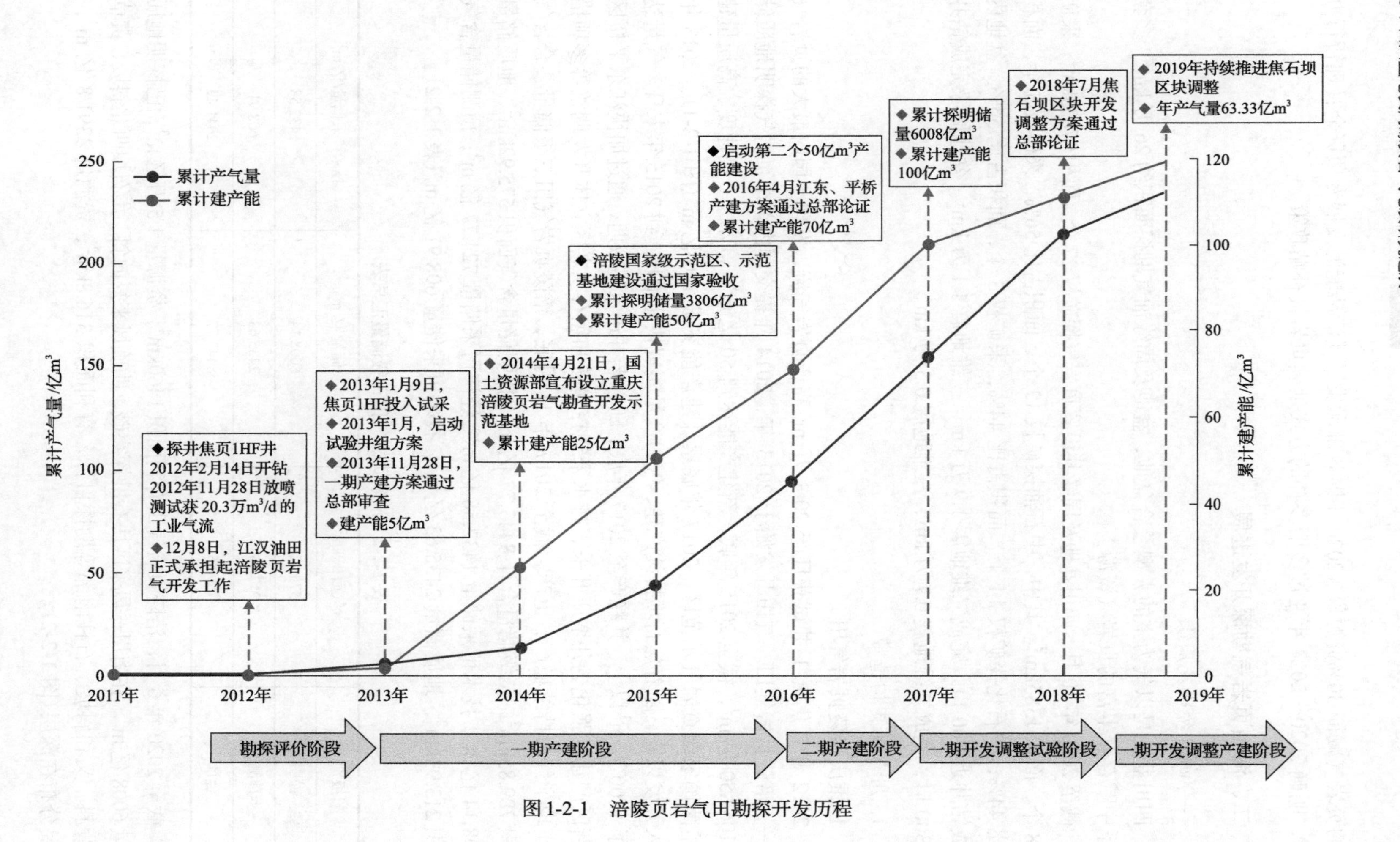

图1-2-1 涪陵页岩气田勘探开发历程

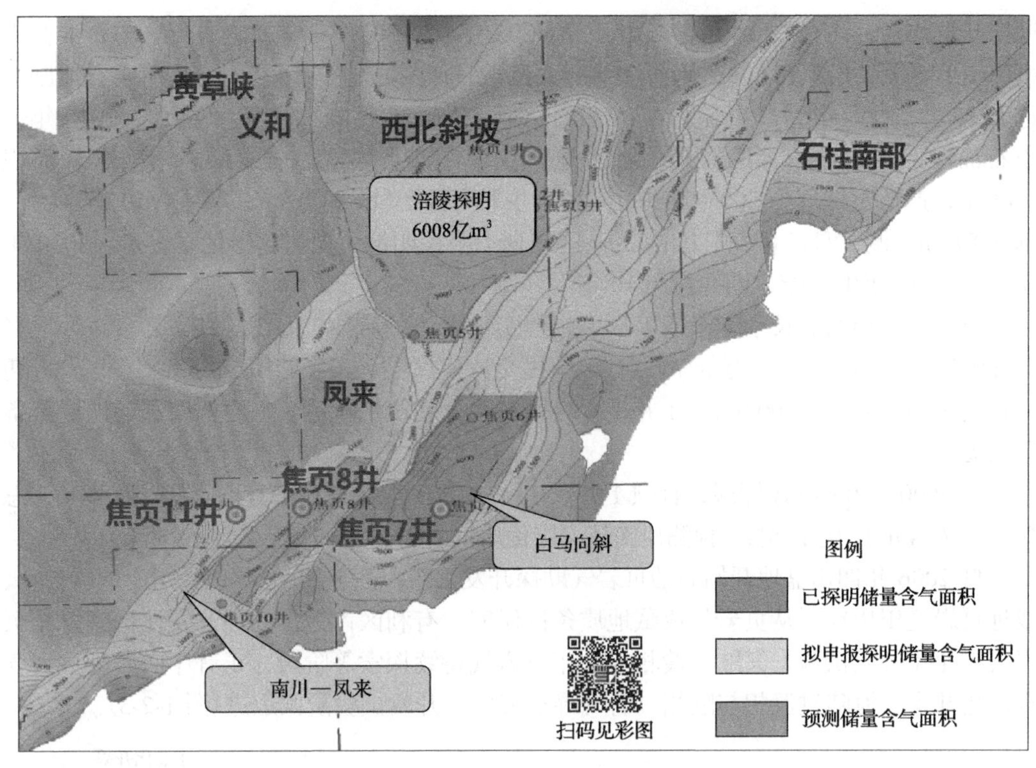

图 1-2-2 涪陵页岩气勘探有利目标分布图

2）川东高陡构造带其他勘探进展

中国地质调查局在川东钻探华地 1 井和永页 7 井，其中华地 1 井钻遇五峰组—龙马溪组页岩气显示较好，全烃由 0.025%快速上升至 4.812%，C_1 由 0.020%上升至 3.465%，泥浆槽面气泡丰富，井涌强烈。该井未经压裂改造获得日产 2500m^3 稳定页岩气流，点火焰高 8～10m。钻探证实优质页岩厚度 30m，气测异常段厚 47m，含气层 31m，具有电阻率较高、密度较低、声波时差跳跃明显的特点。华地 1 井首次在川东高陡构造带实现页岩气资源调查的重大发现，开拓了页岩气勘探的新领域。此外，中石化在建南区块红星地区、涪陵区块南部发现二叠系海相页岩气。

川东丁山—东溪五峰组—龙马溪组深层页岩气试产获得良好效果，评价落实了页岩气资源量 5812 亿 m^3，是千亿方级页岩气增储上产新阵地。川东建南区块二叠系深水海相页岩中也见良好显示，评价 4500m 以浅有利区面积 1300km^2，资源量超过 4500 亿 m^3，有望取得勘探新突破。预计未来在深层可部署水平井超万口，是增储上产的主力。

2. 川南地区

五峰组—龙马溪组海相页岩是最有利的勘探开发层系，显示了巨大的资源潜力。在川南地区中浅层（埋深小于 3500m）五峰组—龙马溪组已高效探明国内首个万亿方页岩气区——长宁、威远、昭通页岩气区，累计探明地质储量 1.06 万亿 m^3，累计产气超 260 亿 m^3。

近年，川南深层及浅层也有勘探突破。泸州、渝西、威远三个地区具有深层页岩气勘探开发前景，钻有 L203 井、Y101 井、H202 井、足 202 井、威 213 井等。中石油在川南泸州地区完钻的 L203 井，垂深 3892m，测试日产量高达 138 万 m^3。目前中石油已优选 L203 井等 4 个井区开展深层页岩气试采，可建成 26 亿 m^3 的年生产能力。2019 年，中石油在四川盆地南缘的太阳—大寨地区获得浅层页岩气重大突破，落实含气面积 $350km^2$，产层主体埋深 500～2000m，水平井平均日产量 6.3 万 m^3，其中 Y102H1-4 井，垂深 813m，测试日产量 9.3 万 m^3。该区规划上报探明地质储量超千亿立方米，2020 年建成 8 亿 m^3 年生产能力，并稳产 10 年。

中石油在泸州、长宁、渝西等深层相继实现突破，泸县、大足、宜宾、自贡等地多口井测试产量 20 万～50 万 m^3/d，2021 年提交泸州深层页岩气储量 5138.09 亿 m^3。近期完钻超深层(4500～6000m)L211 井展示良好苗头，初步揭示泸州—渝西南部超深层具备开发潜力。

在 5000～6000m 超深层，普顺 1 井 5917～5971m 取心发现富有机质页岩厚 44m，总含气量 $7.74m^3/t$，优于涪陵。预测川南超深层优质页岩面积 $3687km^2$，资源量 3.4 万亿 m^3。

自 2006 年四川盆地开始启动页岩气勘探开发工作，截至 2018 年底，川南地区长宁、威远页岩气田历经了从页岩气成藏地质条件研究、有利区评选、勘探开发评价到海相页岩气工业化开发试验、海陆过渡相与陆相页岩气持续探索等阶段，正有序向海相页岩气规模化开采、海陆过渡相与陆相页岩气寻求突破及开发试验阶段迈进(图 1-2-3)。

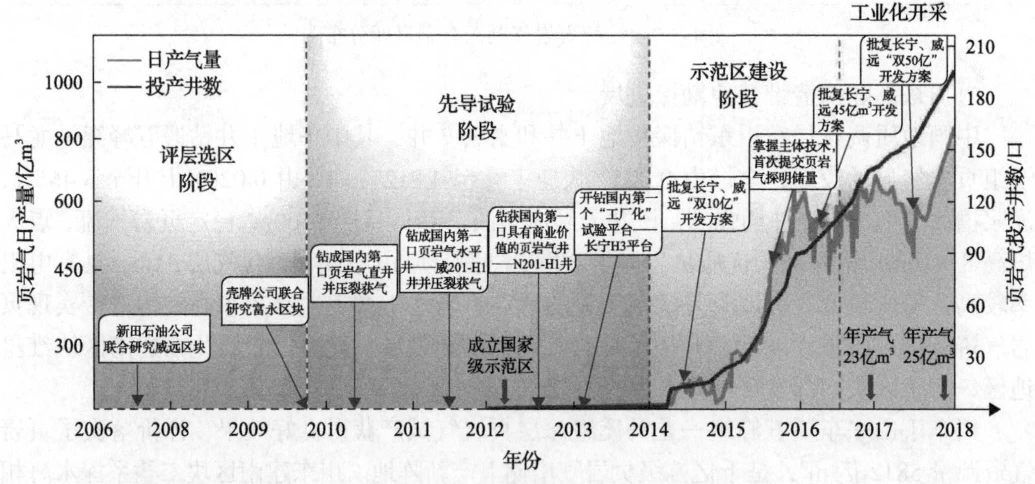

图 1-2-3　2006～2018 年长宁—威远页岩气勘探开发历程图

(1) 成藏地质条件研究、评层选区阶段(2006～2009 年)：2006 年以来，围绕我国海相、海陆过渡相和陆相三类富有机质页岩，借鉴北美成功经验，系统开展我国页岩气形成与赋存条件、资源前景评价、有利区优选等研究，针对不同构造地质背景、不同页岩类型，从无到有建立了本土化的页岩气资源评价方法和评层选区技术体系，优选了长宁、威远、昭通等有利区。

(2) 先导试验阶段(2009～2014 年)：先后钻探了威 201 井、N201 井等一批具有战略意义的区域评价井，最终确定了五峰组—龙马溪组为现阶段最有利的勘探开发层系，并优选了四川威远、长宁，云南昭通，重庆焦石坝、彭水等有利区。钻探了威201井、N201井等第一批页岩气评价井，威201井实现了海相页岩气突破。从2010年起陆续在四川盆地及周缘寒武系、志留系、石炭系—二叠系、三叠系—侏罗系页岩层系中发现页岩气。在威远、长宁(昭通)等地区开展了钻探评价及工业化开发先导试验。

通过先导试验，实现了三个突破。①钻探发现了我国第一口页岩气井——威201井，突破了出气关；②钻获了我国第一口页岩气水平井——威201-H1井，突破了水平井钻井和大型体积压裂工艺技术关；③N201-H1井成为我国第一口具有商业价值的页岩气井，突破了页岩气商业开发关，坚定了开发页岩气的信心，同时也打破了国外技术封锁，初步确定了主体开发技术和“工厂化”作业模式。

(3)海相页岩气示范区建设阶段(2014年至2016年8月)：为加快页岩气产业发展，2012年3月国家批准设立了长宁—威远区块为国家级页岩气示范区。通过示范区建设，实现了页岩气规模有效开发，引领了我国页岩气产业的发展。

(4)海相页岩气工业化开采(2016年9月至今)：通过长宁和威远示范区建设，目前川南地区页岩气地质认识清楚、资源落实，技术成熟、管理适应、体系完善，国家重视、地方支持，大规模快速上产的条件已经成熟。中国石油西南油气田公司完成了四川盆地页岩气“十三五”发展专项规划编制，启动了《川南地区龙马溪组页岩气整体开发概念设计》《川南地区页岩气试验区勘查开发方案》的编制工作，正全力以赴推动技术进步、管理创新、深化评价、规模上产，力争实现页岩气更大发展的目标。2017年8月，中石油批复了长宁、威远“双50亿”开发方案，目标2020年达产100亿m^3。截至2018年7月底，川南地区共投产页岩气井212口，单井最高测试产量43.3万m^3/d，2020年产气116.28亿m^3，圆满实现了开发方案设计的年产量目标，历年累计产气共计312.60亿m^3。

通过多年的攻关和先导试验，初步实现了海相页岩气直井钻探、水平井钻探和工厂化平台井组钻探等页岩气勘探开发规模化生产大跨越，初步实现了埋深小于3500m的海相页岩气成藏与富集地质理论创新，以及勘探开发关键技术与装备国产化应用，深层页岩气评价勘探取得重大突破(图1-2-4)。

2019年，中石油长宁气田N216—N209井区提交探明地质储量3612.20亿m^3，威远气田威208井区提交探明地质储量2438.01亿m^3。

3. 川西南地区

川西南新地1井、新地2井在志留系钻获高含气量页岩，气测异常显示明显。新地2井黑色优质页岩(TOC≥4%)厚度达32m；解吸气量最高3.38m^3/t，总含气量高达7.00m^3/t。2019年，中国地质调查局在盆地西南缘贵威地2井和云宣地1井发现寒武系筇竹寺组、渔户村组页岩气。

4. 川东南地区

“十二五”以来，中石化在四川盆地东南缘的渝东南地区持续开展常压页岩气攻关，南川地区实现了重大突破和商业开发，平桥和东胜累计探明储量2001亿m^3，累计正在或已经建成产能超20亿m^3，阳春沟实现勘探突破，胜页5井试获气17万m^3/d；彭水区块多口井获得工业气流，其中隆页 2 井测试日产气量 9.2 万 m^3。南川和彭水区块页岩气的突破，实现了从盆内超压气藏向盆缘常压气藏的拓展。

2019 年，中石化在川东南地区东溪完钻的东页深 1HF 井，垂深 4248m，测试日产气量 31.18 万 m^3，累计建成页岩气产能 11.5 亿 m^3(图 1-2-5)。丁山常压区测试日产气 3 万～16 万 m^3，取得一定突破。估算盆缘常压区页岩气地质资源量 7.9 万亿 m^3。目前正加快落实丁山、东溪深层页岩气千亿方储量阵地，最新部署实施的东页深 4、2 井和丁页 7、8 井钻探揭示了丁山—东溪构造具有“大面积超压连片含气”特征，东页深 2 井前 7 段测试获日产 8.33 万 m^3 页岩气流。

四川盆地东南缘残留向斜五峰组—龙马溪组深水陆棚相优质页岩发育，是中石化盆外复杂构造区常压页岩气勘探突破的重点领域。针对盆外页岩气构造复杂、产量低的问题，评价建立了三种有利富集模式，优选道真向斜部署了真页 1HF 井，测试获日产气 7.49 万 m^3(图 1-2-6、图 1-2-7)，揭示了道真向斜五峰组—龙马溪组具有较好的保存条件，明确了残留向斜反向断层下盘为“甜点”目标，同时证实了“少段多簇、投球暂堵、高强度加砂”压裂工艺对常压页岩气提产的有效性，评价了 14 个残留向斜面积 3140km^2，资源量 1.2 万亿 m^3(图 1-2-8)。

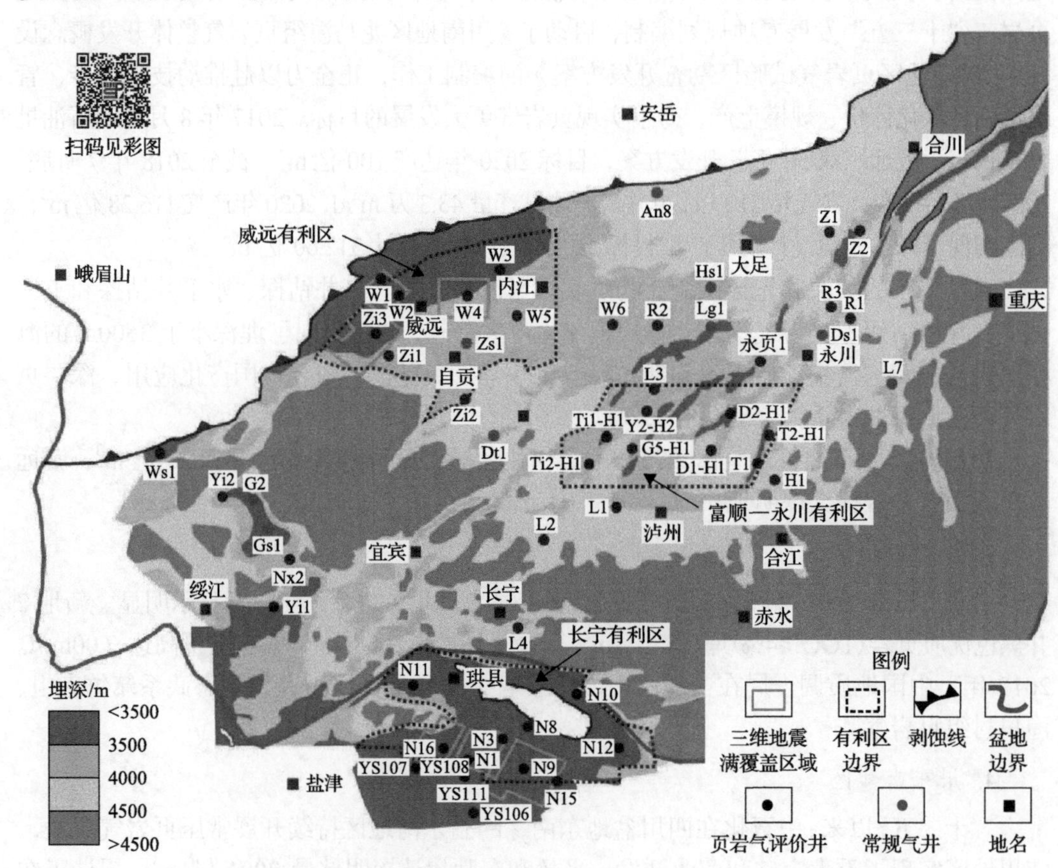

图 1-2-4　四川盆地南部页岩气开发有利区分布图(谢军，2018)

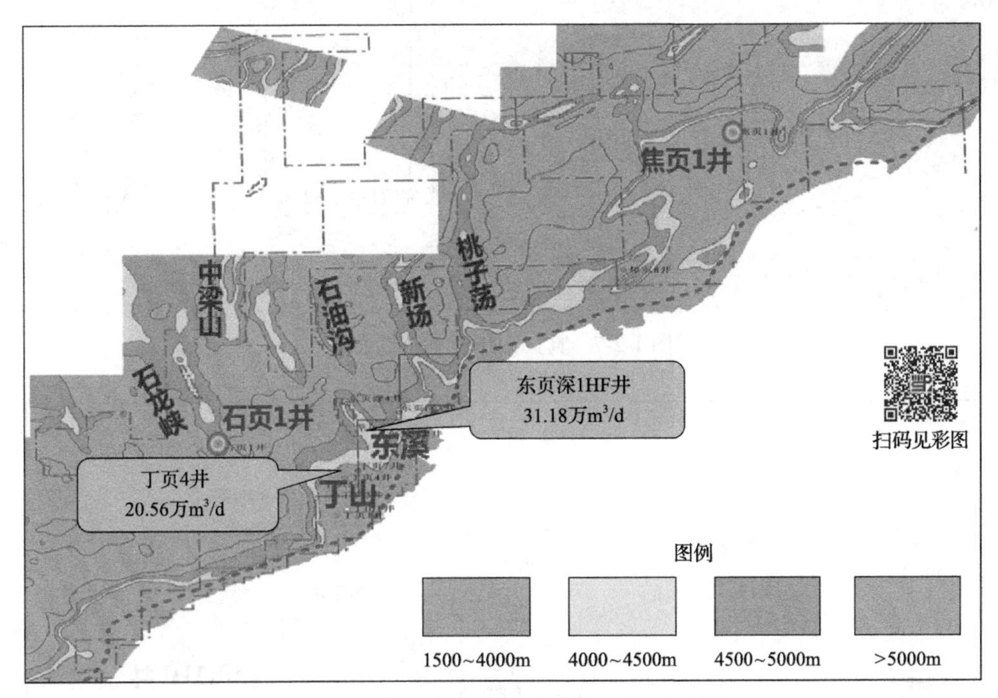

图 1-2-5　綦江高陡志留系底界埋深及部署图

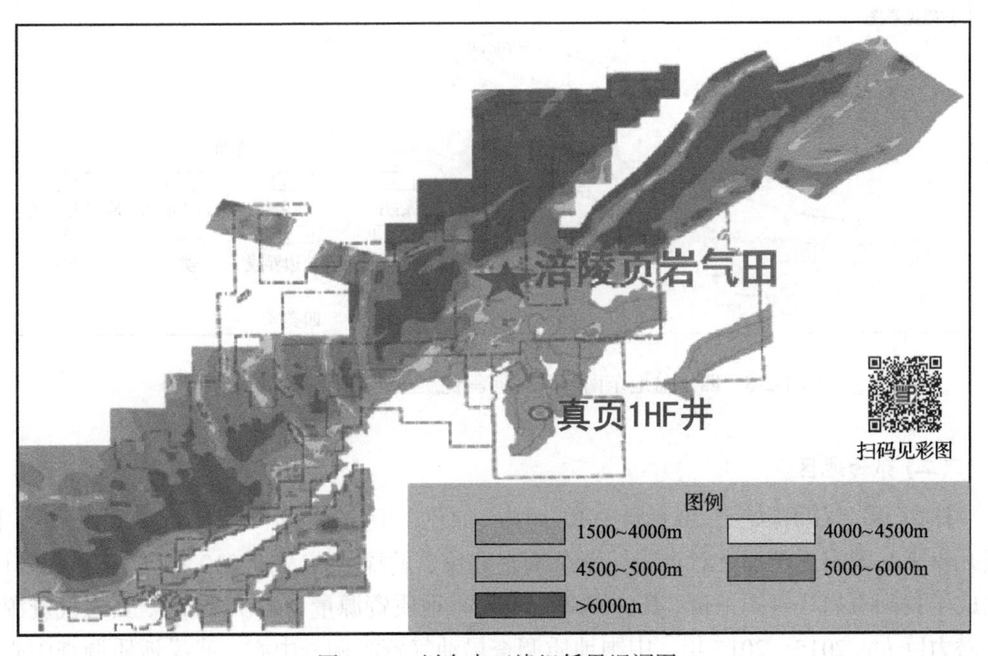

图 1-2-6　川东南五峰组低界埋深图

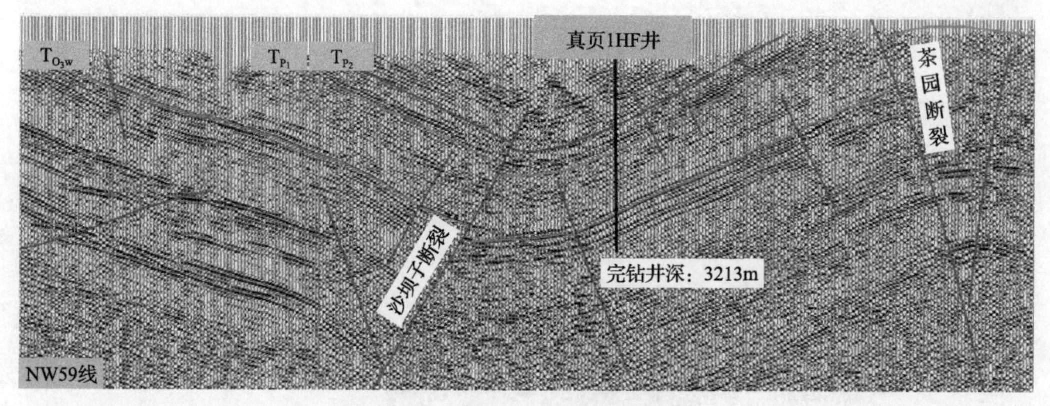

图 1-2-7　真页 1HF 井构造剖面图

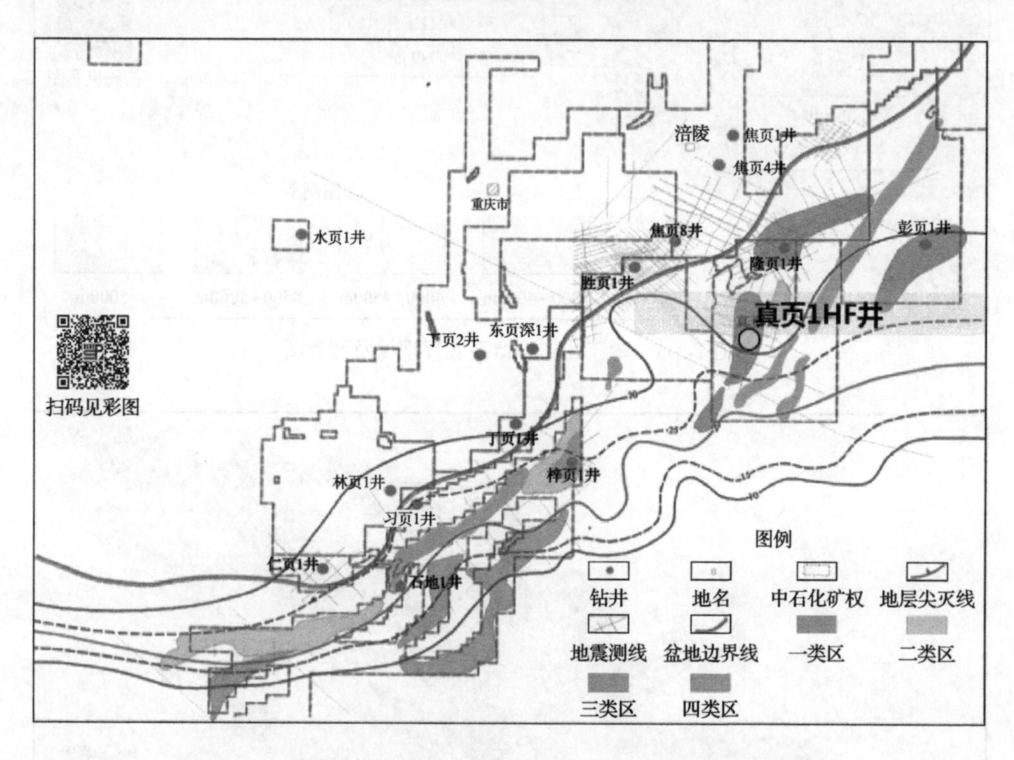

图 1-2-8　四川盆地东南缘残留向斜优质页岩与有利区目标分布图

(二)鄂西地区

该区页岩气勘探始于 2007 年，以中国石油化工股份有限公司江汉油田分公司为主。近几年来，国家逐步加大对页岩气资源调查评价、勘探的投入，2012 年国土资源部首次完成了我国页岩气资源评价，其中湖北省页岩气地质资源量 9.48 万亿 m^3，页岩气资源勘探潜力巨大。2015～2017 年，中国地质调查局油气资源调查中心、武汉地质调查中心等在区内宜昌秭归、点军、长阳贺家坪、夷陵、远安等地区以及恩施巴东、建始等地区开展了页岩气战略选区调查工作，主要工作为参数井钻探。中国石油化工股份有限公司江汉油田分公司、中国石油天然气股份有限公司浙江油田分公司等公司以及中标企业华电集团湖北省页岩气开发有限公司等单位在各自勘查区块(矿权区)开展了页岩气有利区优选工作，主要工作为参数井(预探井)钻探。截至目前，区内部署实施油气页岩气参数井 17 口。在震旦系陡山沱组、寒武系筇竹寺组和奥陶系五峰组—志留系龙马溪组三个层系均实现了重大突破或取得发现。其中鄂阳页 1 井在震旦系陡山沱组直井压裂，测试日产气量 5460m^3，发现了我国最古老的页岩气藏；鄂阳页 1HF 井在寒武系筇竹寺组水平井分段压裂，测试稳定日产气量 7.8 万 m^3，实现了寒武系筇竹寺组低压页岩气层的重大突破；鄂宜页 2HF 井在奥陶系五峰组—志留系龙马溪组水平井分段压裂，测试稳定日产气量 3.2 万 m^3，获得了南方外围地区五峰组—龙马溪组页岩气工业产量。鄂西地区海相页岩气勘查的重大突破，实现了我国页岩气勘查从长江上游向中游、从四川盆地及周缘到外围地区的战略拓展，开创了南方外围地区海相页岩气商业化勘探开发新局面。

(三) 滇黔地区

中石油昭通示范区构造主体处于四川盆地南缘的滇黔北拗陷。五峰期—龙马溪期海侵体系域的富碳高硅页岩为页岩气的富集提供了物质基础，贫氧—厌氧的深水环境有利于富有机质页岩的形成与保存。五峰组—龙马溪组的富碳高硅页岩有机质孔和微裂缝发育，页岩吸附能力强，含气性高，可压性好。适度的后期构造改造与高压封存箱的有效保存是富集高产的关键。2019 年，中石油滇黔北区块五峰组—龙马溪组提交探明地质储量 1359.50 亿 m^3。

中国地质调查局油气资源调查中心在贵州正安县部署钻探的安页 1 井获得“四层楼式”油气重大突破，在二叠系栖霞组、志留系石牛栏组、五峰组—龙马溪组和奥陶系宝塔组四套层系获得发现。其中，安页 1 井石牛栏组获得超过 10 万 m^3/d 的高产稳产工业气流，钻遇五峰组—龙马溪组厚度 28.6m，据统计，高含气碳质页岩累计厚 19.50m。气测全烃最高 7.73%，C_1 最高 6.00%，页岩 TOC 最高 4.73%，现场解吸气量分布在 0.996～2.362m^3/t，总含气量最高 6.488m^3/t(不含残余气)。

中国地质调查局在滇东北地区的五峰组—龙马溪组发现良好的页岩气显示，云大页 1 井钻遇优质页岩段厚度 36.6m，平均含气量与四川盆地涪陵区块相当。滇黔地区海相页岩气勘查的进展，表明了南方复杂地质构造区良好的资源前景。

(四) 其他地区

1. 渝东湘西北地区

渝东湘西北地区位于全国页岩气资源调查评价重点地区川渝黔鄂先导试验区内。该地区发育下寒武统筇竹寺组、上奥陶统五峰组—下志留统龙马溪组、上二叠统吴家坪组三套区域性富有机质页岩层系，具有形成大规模页岩气资源的物质基础。自 2009 年，中石油、中石化、重庆地质矿产研究院、中国华电集团有限公司、神华集团有限责任公司、湖南华晟能源投资发展有限公司等单位相继在研究区及周边开展了页岩气钻探工作。目前，石油公司、企事业单位和相关科研院所已在渝东湘西北地区实施了页岩参数井、区域探井共计 25 口。渝东地区多口探井见到良好气显，其中彭页 1 井获得工业气流，表明渝东湘西北地区页岩气资源前景及开发前景广阔。通过这些探井的分析研究，对页岩气储层状况及特征、勘查开发条件等有了深入认识，为页岩气勘查开发提供了工作基础。

2. 湘中新化地区

湘中新化地区湘新地 1 井、湘新地 3 井获泥盆系页岩气重要发现。湘新地 1 井钻遇上泥盆统佘田桥组 945m，富有机质页岩厚 170m，全烃最高可达 30%，现场解吸气量最高 2.44m^3/t。湘新地 3 井钻遇上泥盆统佘田桥组富有机质页岩 104.4m，全烃最高可达 22.34%，现场解吸气量最高 2.44m^3/t。

3. 陕南汉中

在长江上游陕南汉中部署地质调查井 2 口，二维地震 50km，其中镇地 1 井高含气富有机质页岩厚度 53.82m，现场解吸气量高达 5.4m^3/t；陕南地 1 井寒武系筇竹寺组厚 282m，富有机质页岩 90m，全烃最高达 2.62%，含气量 0.8～2.71m^3/t。获得陕南汉中地区寒武系页岩气重大发现，并为参数井钻探工程(陕南页 1 井)提供了基础。

4. 云南大关

云南大关地区部署地质调查井新地 2 井，钻遇龙马溪组 160m，富有机质页岩厚 86m，岩心现场解吸气量最高达 3.38m^3/t，获得了大关地区页岩气现场含气量数据，并为参数井钻探工程(云大页 1 井)提供了目标。

5. 广西南盘江拗陷与桂中拗陷

2007 年国土资源部油气战略研究中心部署实施了桂中 1 井，井深 5151.86m，主要目的是探索石炭系、泥盆系含油气情况。由于区内泥盆系台盆相沉积体系变化较快，该井没有钻遇有效的泥页岩。2007 年 7 月，广西壮族自治区地质调查院在柳州太阳村实施了柳热 1 井，在钻至 142～145m 处发生天然气井喷，最高可达 3m，点火可燃，甲烷含量超过 60%。2017 年 8 月中国石油南方石油勘探开发有限公司委托广西壮族自治区地质调查院结合柳热 1 井(孔深 201.33m)的钻探成果对桂中拗陷油气形成的地质条件进行重点研究，认为桂中拗陷的下中泥盆统和下石炭统具有良好的油气生储条件，尤其是下石炭统台沟组碎屑岩地层具有更加优越的生储盖组合条件，具有较大的勘探潜力。

南盘江发育泥盆系—石炭系深水陆棚优质页岩，有利面积 900km^2，资源量 8800 亿 m^3。郎岱地区优质页岩厚度大且分布稳定，纵向多套页岩叠置，发育逆断层遮挡向斜有利构造。

三、陆相页岩气勘探开发进展

我国陆相页岩的成熟度整体偏低，以生油为主，生气范围小，页岩含气量偏低，勘探开发潜力有待进一步评价。

(一)四川盆地中生界

1. 下侏罗统自流井组

四川盆地西部和北部自流井组大安寨段沉积时期，整体上为湖泊沉积环境，局部发育三角前缘沉积。大安寨段富有机质页岩厚度分布显示，该套页岩具有一定的厚度，且分布稳定，埋藏较浅。在仪陇—南部、达州—宣汉、开县等地区页岩厚度较大，平均厚度在 30～70m。页岩有机质类型主要为Ⅱ$_2$型，湖盆中心为Ⅱ$_1$型；TOC 为 0.75%～2.7%，高值分布区很局限，含量在 1.8%以下，含量相对偏低；R_o 达到 1.2%以上，演化程度适中，符合前人总结的页岩气成藏有利条件。根据富有机质泥页岩厚度、沉积相、TOC 含量、有机质成熟度预测自流井组大安寨段页岩气富集有利区为仪陇—南部和达州—宣汉两个区域。页岩气聚集地质、地球化学条件和泥页岩厚度较优越，是川北地区侏罗系自流井组大安寨段页岩气勘探的有利区域。

侏罗系陆相页岩气勘探发现了良好势头，多口井见气流。中国石油化工股份有限公司南方勘探分公司在四川元坝探区元坝 21 井自流井组大安寨段钻获高产页岩气流，日产气 50.7 万 m^3；涪页 8-1HF 井大安寨段日产气 1.1 万 m^3，取得了陆相页岩油气的重大突破。涪页 10HF 井侏罗系东岳庙段测试日产气 5.57 万 m^3。涪陵区块北部东岳庙段陆相页岩普遍含气，具有良好的勘探开发条件，初步形成了 7000 亿 m^3 页岩气资源接替阵地。元坝地区元坝 21 井大安寨段、复兴地区复页 HF-10 井自流井组东岳庙段、建南地区建页 HF-1 井东岳庙段页岩气最高日产量分别达到了 50.7 万 m^3、5.6 万 m^3、1.2 万 m^3。可见四川盆地陆相页岩气在下侏罗统湖相泥页岩中的勘探获得了良好的工业气流，成为中国陆相页岩气勘探开发的重要区域。但同时元页 HF-1 井测试日产气 0.7 万 m^3、日产油 14m^3，试采 4 年累计产气 305.3 万 m^3、产油 2943t，商业价值不高。

2. 上三叠统须家河组

川西拗陷须五段为三角洲平原或前缘相，岩性以黑色—灰黑色页岩、深灰色—灰色薄层细砂岩、粉砂岩为主，频繁夹少量煤线。页岩埋深多在 2100～3500m，砂岩厚度一般小于 15m，页岩单层厚度 2～20m，有机质类型主要为腐殖型(Ⅲ)，TOC 为 0.39%～16.33%，平均为 2.35%。R_o 为 1.02%～1.68%，处于成熟—高成熟演化阶段，具有较好的生烃潜力，达到页岩气开采门限。2012 年在川西新场构造上部署了一口页岩气探井，须五段岩性组合为砂岩与页岩频繁互层,页岩单层厚度 1～15m。页岩 TOC 为 0.5%～12%，平均为 3.3%，R_o 平均值为 1.14%。页岩岩石成分中岩屑含量高，石英含量中等，局部长石含量较高，脆性矿物平均含量 59%，脆性较好，适合压裂。经大型加砂压裂后获得页岩气产能 3.88 万 m^3/d。综合分析认为，该层段页岩气勘探开发前景有限。

(二)鄂尔多斯中生界

鄂尔多斯盆地三叠系延长组发育多套页岩层系，具备页岩气形成的物质基础。鄂尔多斯盆地东南部延长组长 7 段页岩分布广，页岩埋深和厚度适中，TOC 含量高，孔隙较发育，含气量较大，有利于页岩气形成和富集。鄂尔多斯盆地东南部延长组长 7 段页岩气资源量为 1.53 万亿 m^3，资源量较大，展示出较好的勘探前景，其中志丹—甘泉一线西南部为页岩气的有利目标区。

陕西延长石油(集团)有限责任公司在鄂尔多斯盆地延长组长 7 段陆相页岩数十口井获页岩气流。2011 年 4 月，陕西延长石油(集团)有限责任公司在鄂尔多斯盆地陕北斜坡延长探区柳评 177 井长 7 段页岩段中取得突破，日产气量 2350m^3，成为中国乃至世界第一口陆相页岩气井，随后柳评 179、新 WQ、新 WJ、延 YY 等井长 7 段页岩气勘探相继取得成功，延页平 1 井组三口水平井压裂试气，单井日产量 0.4 万～1.0 万 m^3。另外，通过老井复查在长 7 段泥页岩段中普遍发现气测异常，表明鄂尔多斯盆地陆相页岩具有巨大的资源潜力和良好的勘探前景。2015 年在延页 1 井区计算得到延长组长 7 段探明地质储量 685.88 亿 m^3，2016 年在富页 2 井区计算得到延长组长 7 段探明地质储量 487.89 亿 m^3。

(三) 其他盆地

渤海湾盆地歧口凹陷新港 57 井在沙河街组三段页岩获日产气量为 13.7 万 m^3、凝析油量为 3.5t 的工业油气流；松辽盆地梨树断陷 JLSY1 井在下白垩统沙河子组压裂获日产 7.6 万 m^3 的高产页岩气流。

四、海陆过渡相页岩气勘探开发进展

虽然部分井在海陆过渡相获得了页岩气产量，但是单井产量总体偏低，规模效益开发条件需要进一步评价。

(一) 四川盆地二叠系吴家坪组、茅口组

二叠系吴家坪组海陆过渡相页岩层系完钻了多口探索井，具有一定的油气显示，但地质条件复杂，压裂效果不理想，勘探前景有待继续探索。川东南地区吴家坪组海陆过渡相泥页岩发育且厚度较大，泥页岩品质具有“高黏土矿物、高孔隙度、高 TOC、高含气量”四高特征，泥页岩顶底板条件良好，具备良好的页岩气形成地质条件。相比国内外其他海陆过渡相泥页岩，川东南地区吴家坪组泥页岩 TOC、热演化程度、含气量、孔隙度优于华北地台太原组、山西组及 Lewis 组泥页岩，有机质类型、黏土矿物含量与之类似，即以腐殖型干酪根为主，矿物含量呈现高黏土矿物特征。川东南地区綦江—赤水一带吴家坪组富有机质泥页岩发育且夹层少，埋深适中，保存条件良好，是下一步实施页岩气勘探的最优有利区。川东南吴家坪组海陆交互相泥页岩厚度大，发育丁山、东溪和利川等 6 个有利勘探目标，面积 7513km^2，资源量 16912 亿 m^3。中国石化勘探分公司在川东南地区东溪实施东页深 1 井的钻探过程中，针对吴家坪组开展了系统取心、采样工作，揭示了四川盆地吴家坪组页岩气地质条件及勘探潜力。

中石化在四川盆地南川区块茅口组一段完钻的大石 1HF 井，测试日产气量 22.5 万 m^3，2018 年提交预测储量 192 亿 m^3。

(二)鄂尔多斯盆地石炭系—二叠系

盆地内沉积多套烃源岩，其中山西组和太原组岩性复杂、单层厚度小、层数多、累计厚度大，单层最大厚度为64.5m，累计厚度在50～180m。太原组主要分布在天环拗陷，山西组则主要位于伊陕斜坡，二者干酪根类型以$Ⅱ_2$型及Ⅲ型为主，泥页岩有机质丰度较高，TOC平均达到1.0%以上；有机质热演化程度高，属于成熟—高成熟阶段，有利于有机质热解生气，具备页岩气成藏的基本地质条件。泥页岩以富含有机质泥页岩为主，黏土矿物以高岭石和伊利石为主，矿物组成中石英等脆性矿物含量较高，有利于通过压裂等方法改造泥页岩储层渗透性。主要孔隙类型是溶蚀孔、黏土矿物孔和微裂缝。其中，太原组泥页岩的脆性矿物含量和孔隙度优于山西组，而山西组的泥页岩发育程度优于太原组。勘探调查表明，延川地区和大宁—吉县地区的山西组具有页岩气显示。

鄂尔多斯盆地海陆过渡相页岩气勘探取得了较好的成果，由地质矿产部门、陕西延长石油(集团)有限责任公司、中联煤层气有限责任公司等先后实施的鄂页1井、云页平1井、SM0-5和云页平3井分别获得1.95万m^3/d、2万m^3/d、0.67万m^3/d、5.3万m^3/d的页岩气流；内蒙古鄂页1井，太原组测试日产气量2.0万m^3。

(三)沁水盆地石炭系—二叠系

沁水盆地石炭系—二叠系含煤地层在全区发育良好，暗色泥页岩富含有机质，TOC总体分布于0.12%～23.32%，平均在1.5%以上，显微组分以镜质组为主，有机质类型为Ⅲ型，R_o平均为2.33%，处于过成熟热演化阶段；矿物成分主要为黏土矿物和石英，其中脆性矿物含量较高；泥页岩含气量平均为0.90m^3/t，具备页岩气成藏的基本地质条件。盆地内研究对象主要为太原组和山西组，页岩地层累计厚度介于50～200m，与薄层灰岩互层。页岩埋深较浅，均在2000m以内，分布规律呈现出以沁源—襄垣一带为最大埋深，向盆地边缘逐渐变浅的特点；页岩有机质类型均为Ⅲ型。太原组TOC分布在北部寿阳—阳泉、中部沁县和南部沁源—端氏—长子三个高值区，并向四周逐渐降低；山西组TOC略高，从北向南逐渐增大。钻探的SX-306、SY-Y-01、WY-001等3口页岩气参数井，见到良好的页岩气显示，其中SX-306井现场解吸气量介于0.79～4.03m^3/t。

(四)中下扬子石炭系—二叠系

1. 湘中涟源

2011年中国石油化工股份有限公司华东分公司在湘中涟源凹陷桥头河向斜中部钻探了页岩气探井——湘页1井。该井在上二叠统吴家坪组—大隆组泥页岩见6层/54m气测异常，全烃最高5.92%。2011年12月对大隆组600～620m页岩层段进行压裂，最高日产气1252m^3。湘中涟源凹陷车田江向斜获得石炭系“三气”重要发现。部署实施的2015H-D6调查井钻遇石炭系测水组富有机质页岩71.8m，现场解吸页岩气含气量最高值达3.95m^3/t；煤层气含气量最高值达12.27m^3/t；致密砂岩气含气量最高达2.88m^3/t，显示了良好的“三气”资源潜力。

2. 安徽宣城

在安徽宣城宣泾远景区水东向斜有利区实施的调查井港地 1 井在 915～985m 井段的中上二叠统大隆组、吴家坪组获得页岩气、致密砂岩气、煤层气和页岩油的良好显示，页岩油显示尤为突出，大隆组黑色泥页岩中，井段为 915.6～945.7m 显示为页岩油，915.6～985.7m 为页岩气层段；吴家坪组黑色煤层 996.3～997m 显示为煤层气，吴家坪组致密砂岩层段 1002.1～1008.5m 显示为致密砂岩气特征，为部署实施参数井奠定了基础。在安徽宣城宣泾远景区宝丰向斜有利区部署实施的二叠系参数井皖宣页 1 井获得页岩气新发现，纵向上钻遇大隆组 75m 黑色页岩、吴家坪组 203m 黑色页岩、孤峰组 50m 黑色碳质页岩，现场解吸气量最高达 0.35m^3/t，气测全烃峰值 2.38%。

3. 安徽淮南

在华北陆块南缘安徽淮南潘集远景区耿村向斜有利区实施的调查井皖潘地 1 井二叠系、宿州宿南向斜有利区实施的调查井皖埇地 1 井二叠系调查获得页岩气、煤层气、致密砂岩气及裂缝油的重要发现，上石盒子组、下石盒子组、山西组、太原组获得全烃峰值 10%～49.6%的良好显示，揭示了华北陆块南缘石炭系—二叠系富有机质泥页岩和灰质条带状泥岩具有较好的页岩油气资源勘查前景。

4. 江西丰城

在江西丰城远景区曲江向斜有利区实施的调查井赣丰地 1 井二叠系乐平组、茅口组南港段获页岩气、煤层气、致密砂岩气的重要发现，其中茅口组南港段为首次发现页岩气，揭示了萍乐拗陷中西部具有较好的页岩气资源勘查前景。

5. 南华北盆地

南华北盆地位于华北板块南部，延伸方向是与秦岭—大别山造山带平行的近东西向，盆内包含众多次级凹陷。太原组—山西组干酪根类型以Ⅲ型为主，含Ⅱ$_2$型；平面上，太原组和山西组的 TOC 以鹿邑、洛阳、伊川地区相对较高，向四周呈环带状下降；垂向上，从下向上 TOC 由高变低；R_o分布规律为北高南低、西高东低。近年来先后部署的蔚参 1 井、牟页 1 井和郑东页 2 井均获得了页岩气流，压裂后获得稳定日产气量 1000～4000m^3，对比海相页岩，压裂效果和产量差距较大。河南省地质调查院作为这两个页岩气区块的勘查单位，针对石炭系—二叠系海陆过渡相页岩气层系进行勘探，组织实施了河南省第一口页岩气探井(牟页 1 井)，对该井太原组、山西组 143m 厚的含气层段分三段进行分压合试，获得了日产 1256m^{3}稳定气流。随后，中国地质调查局组织实施的尉参 1 井、河南温县页岩气区块郑西页 1 井及华北地区河南省等页岩气资源潜力评价项目，主要目的层也是海陆过渡相层系页岩气，均显示该区石炭系—二叠系海陆过渡相层系页岩气具有良好的勘探前景。

(五)贵州地区石炭系—二叠系

黔紫页 1 井钻遇石炭系打屋坝组页岩 226m，富有机质页岩 115.13m，气测全烃值最高达 2.58%，总含气量最高达 1.68m^3/t。滇南昭通—威宁地区贵威地 1 井钻获石炭系页岩

469m，气测全烃最高达7.652%，现场解吸气量最高达5.62m^3/t。

黔北金沙参1井获得二叠系“三气”重要发现，煤层气含气量平均8m^3/t，页岩和粉砂岩现场解吸气量大于2m^3/t。黔西南地区黔普地1井获得“三气”重要发现，钻遇富有机质页岩70m，全烃异常值最高44.97%，含气量最高达12.6m^3/t。黔西金沙页1井海陆过渡相吴家坪组含气量测试结果为2.07～4.46m^3/t，平均值为3.15m^3/t，表现出较好的含气性。

第三节 页岩气地质新认识

经过近10年的持续攻关，在以四川盆地下古生界五峰组—龙马溪组页岩为代表的海相页岩气、以鄂尔多斯盆地中生界延长组长7段页岩为代表的陆相页岩气、以四川盆地二叠系吴家坪组为代表的海陆过渡相页岩气地质研究取得了一系列新认识。

一、海相页岩气

(一)沉积环境和沉积过程控制了富有机质页岩分布

北美和中国的勘探开发实践表明，海相页岩气要获得单井高产，首先要具备一定连续厚度的富有机质(TOC>2%)页岩。富有机质页岩分布是页岩气评价研究的重要内容之一。早期中国学者十分重视烃源岩研究，对烃源岩的分布、发育规律等进行了大量探索。2008年、2009年梁狄刚等对中国南方古生界海相烃源岩的分布规律、地球化学特征，以及海相烃源岩的形成环境和控制因素进行了研究，明确下寒武统、上奥陶统—下志留统、下二叠统、上二叠统四套海相烃源岩发育的七种有利沉积相，将七种有利沉积相综合归纳为三种模式，并对烃源岩的TOC、R_o等重要参数的时空分布规律进行了系统分析，为后期五峰组—龙马溪组等海相页岩气有利区的确定及涪陵页岩气田的发现提供了重要参考依据。随着页岩气勘探开发的持续深入，许多学者对五峰组—龙马溪组开展了详细的层序划分与地层对比工作，并将五峰组—龙马溪组下段划分为9个小层，TOC大于2%的富有机质页岩集中分布在①～⑤号小层，该套富有机质页岩层位稳定，分布范围广。①～③号小层是勘探开发实践过程中优选出的“甜点段”，是一套TOC平均值大于3%的优质页岩，形成于局限环境下的深水陆棚滞留还原环境。五峰组—龙马溪组底部的两期海侵体系域沉积，受川中、黔中、宜昌水下隆起等古高地影响，形成了不同的沉积中心(图1-3-1、图1-3-2)。

(二)海相页岩气具有自身特点的“二元”富集理论

通过南方海相页岩气典型地区典型井对比、页岩气形成条件及富集机理的研究，并与北美页岩气成藏条件对比，提出了优质页岩气层“二元”富集理论认识，即深水陆棚优质页岩是海相页岩气富集高产的基础，晚期良好保存、高压或超压是高产的关键。

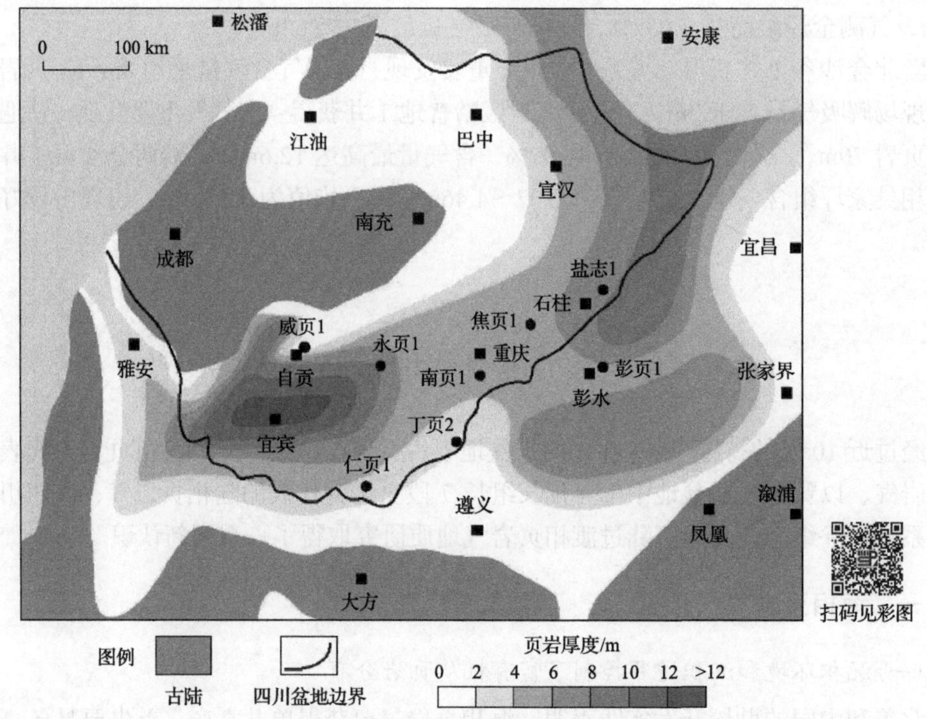

图 1-3-1 四川盆地及周缘地区上奥陶统五峰组 SQ1 海侵体系域优质页岩厚度图(据马永生等，2018)

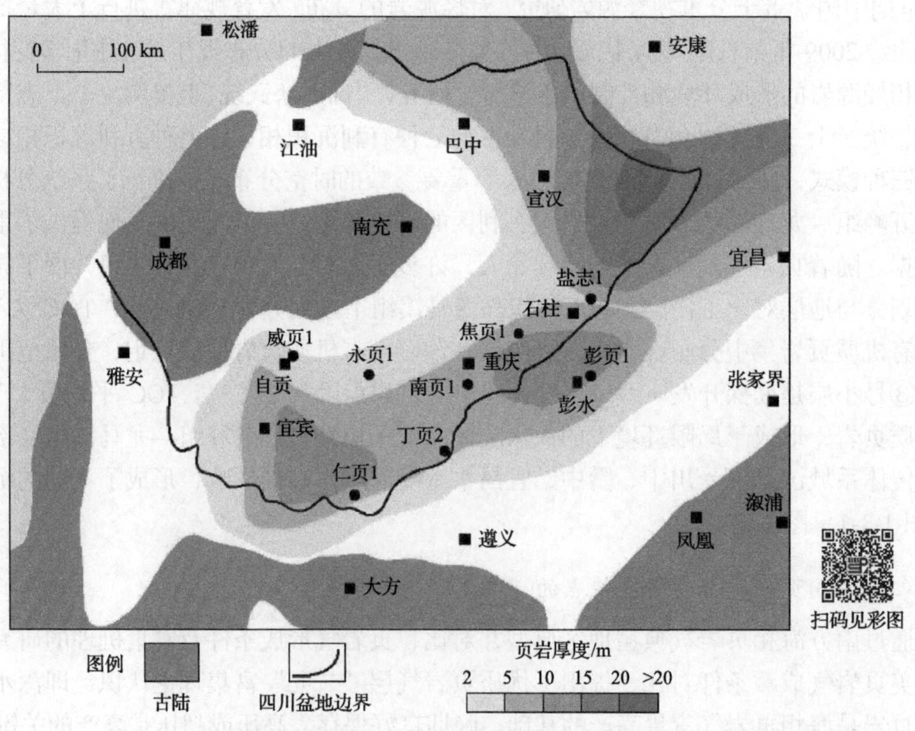

图 1-3-2 四川盆地及周缘地区下志留统龙马溪组底部 SQ2 海侵体系域优质页岩厚度图(据马永生等，2018)

1. 深水陆棚优质页岩是海相页岩气形成富集的基础

深水陆棚相发育较厚的富有机质泥页岩，TOC较高，为页岩气形成提供了良好的生烃基础，也是有机孔发育的基础；同时，具有较高的硅质含量，页岩可压性较好，是海相页岩气富集高产的基础。上奥陶统五峰组—下志留统龙马溪组深水陆棚沉积相区，优质页岩（TOC＞2.0%）沉积厚度可达30～50m，页岩中发育大量纳米级有机孔隙，硅质含量为40%～70%，深水陆棚优质页岩具有高TOC、高硅质、良好的耦合性。

2. 良好的保存条件是海相页岩气富集高产的关键

我国南方地区构造条件相对复杂，气井产量与构造样式、断裂发育情况、开孔层位、埋深、压力系数存在紧密关系。统计分析表明，页岩气产量与压力系数正相关性明显，压力系数大于1.2，超压或超高压是单井高产、高效的重要特征。高压、超高压意味着良好的保存条件，焦页1HF井、N201-H1井等典型页岩气高产井均具有良好的保存条件和超压特征。通过页岩气逸散破坏模型的总结，认识到在具有良好的顶底板条件、适中的埋深、远离开启断裂、远离抬升剥蚀区、远离缺失区、构造样式良好的地区，页岩气具有良好的保存条件。

（三）“深水”与“深层”叠合区是海相页岩气资源禀赋最优的区域

利用U/Th、矿物相等指标，识别出最有利的强还原环境下的富有机质硅质陆棚微相，其连续厚度大于4m的区域为持续处于强还原深水环境，该范围内的页岩储层品质最优。同时，页岩随深度增加，压力系数增加，超压利于页岩孔隙保存，页岩游离气含量和总含气量呈增长趋势。根据最新的实钻资料评价，“深水”与“深层”叠合区的页岩厚度大、含气量高，是页岩气最富集的区域。

二、陆相页岩气

（一）陆相页岩具备页岩气成藏地质条件

通过开展陆相页岩的沉积特征、有机地球化学特征、岩石学特征、储集特征、含气性测试、生烃模拟等研究，结果表明鄂尔多斯盆地中生界延长组长7段页岩形成于深湖—半深湖沉积环境，厚度80～120m，古生界山西组泥页岩为浅湖环境下的三角洲前缘沉积，累计厚度40～85m；长7段页岩有机质以II_1型为主，TOC为0.34%～11%，属于优质烃源岩，R_o为0.5%～1.33%，处于低熟—成熟油气（湿气）共生阶段；山西组泥页岩有机质以Ⅲ型为主，TOC为0.23%～5.66%，属于较优质烃源岩，R_o为2.04%～2.85%，处于高熟—过成熟大量生干气阶段。页岩孔隙类型包括无机孔、有机孔和微裂缝。其中，无机孔包括溶蚀粒间（内）、黏土矿物晶间孔等；孔径从纳米级到微米级跨尺度发育。长7段页岩解吸含气量为0.3～3.8m^3/t，平均为1.7m^3/t，含气性较好，气体赋存相态多样，以吸附气为主，占总含气量70%以上；山西组泥页岩解吸含气量为0.1～1.6m^3/t，平均为0.63m^3/t。生烃模拟证实陆相页岩具备较大的生气潜力，长7段页岩生烃早，具有持续充注、原位聚集、后期相态调整的特点；山西组泥页岩经历较长时间的深埋藏，有利于生气，在早白垩世末期，生烃量最大，具有持续充注、原位聚集的特点。通过国家标准《页岩气地质评价方法》(GB/T 31483—2015)关于陆上页岩气有利层段下限标准对比，陆相页岩气大部分指标均高于国家标准中对页岩气有利层段的下限值，具备页岩气成藏地质条件。

(二)陆相页岩气具有“源内成藏、厚度保存”的成藏特点

根据室内实验、气测录井、测井解释的各参数分布特征，页岩层内存在排烃差异，邻近砂岩的页岩层段优先排烃，残余烃含量较低；排烃段存在厚度界限，有效排烃厚度为 8～12m。陆相页岩厚度大(40～120m)，超过该地区有效排烃厚度界限(8～12m)，因厚度优势而具有良好保存条件，与海相页岩气层顶底板封闭组合的成藏组合特征不同，具有“厚度保存”的特点。

(三)陆相页岩气具有吸附—游离复合成藏和吸附成藏两种成藏模式

沉积微相的差异决定了页岩生气基础和成储机制的差异，如页岩 TOC、岩相组合、孔隙类型及孔隙结构、物性、含气量等随着沉积微相变化具有明显的差异。其中，中生界深湖相页岩厚度 60～100m，TOC 在 3.2%～11.2%，平均 6.8%，岩相组合以黑色富有机质页岩和粉砂质页岩为主，纹层发育较差，孔隙度 0.5%～2.25%，吸附气占总含气量 70%以上；浅湖相页岩厚度 0～40m，TOC 在 0.23%～5.66%，平均 3.29%，储层以含粉砂质纹层页岩为主，纹层较为发育，孔隙度 2.0%～5.1%，其中游离气占总含气量 50%左右。在宏观和微观非均质条件控制下，页岩气在相态和规模上存在差异性富集特征，具有吸附—游离复合成藏和吸附成藏两种模式。

三、海陆过渡相页岩气

(一)海陆过渡相页岩具备良好的页岩气勘探潜力

现阶段的研究认为，海陆过渡相页岩气与海相、陆相页岩气相比，由于沉积环境为过渡性质，发育多种岩相结合，具有“三气”共存特征，因此页岩气成藏规模受到影响。海陆过渡相泥页岩通常与煤层、致密砂岩层交互频繁，且页岩气和煤层气都以游离气、吸附气的储集方式为主，都具有“自生、自储、自保”的成藏特点，都需要压裂、解吸等诸多共性开采手段，优选出单层厚度大、有机质丰度高、热演化适中、生烃潜力大、含气量高、脆性矿物含量高(脆性指数大)、保存条件好、与其他岩性含气储层叠置紧密的海陆过渡相泥页岩，从而实现“两气”，甚至“三气”共采。因此，海陆过渡相页岩气仍具备良好的资源前景。

以四川盆地二叠系吴家坪组为典型代表。吴家坪组海陆过渡相泥页岩在川东南地区广泛发育且厚度较大，对比华北盆地太原组—山西组、沁水盆地太原组—山西组、鄂尔多斯盆地山西组，认为川东南地区吴家坪组泥页岩在 TOC、热演化程度、含气量、孔隙度等关键参数上优于太原组及山西组泥页岩；有机质类型、黏土矿物含量类似，均以腐殖型干酪根为主，呈现高黏土矿物含量的特征，太原组及山西组泥页岩已获得工业气流，表明川东南地区吴家坪组具备页岩气形成的良好地质条件，页岩气勘探潜力

较好(图 1-3-3)。

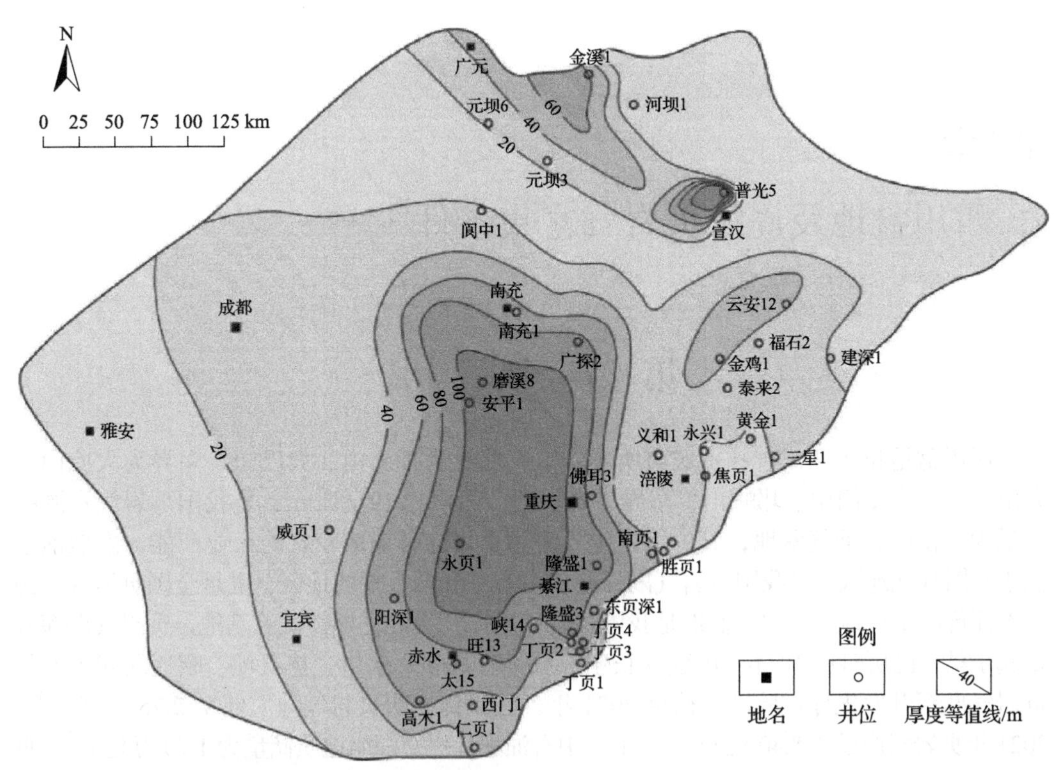

图 1-3-3 四川盆地吴家坪组富有机质页岩厚度等值线图(郭旭升等，2018)

(二)海陆过渡相泥页岩具备更为优势的页岩气成藏条件

下扬子地区吴家坪组富有机质泥页岩主要发育在滨岸平原、障壁—潟湖、三角洲前缘、浅海陆棚等海陆过渡相中，障壁—潟湖相页岩具备相比于其他三类海陆过渡相页岩更为优势的页岩气成藏条件。前人研究认为下扬子区吴家坪组煤层厚度大，TOC 含量高，有机质为Ⅱ型和Ⅲ型，绝大部分都进入生烃高峰，煤层气资源丰富，具备工业开采价值，考虑到泥页岩纵向上与其他岩性储集体的沉积组合关系，以及煤层气与页岩气叠置成藏且有利于联合开采的分布特点，泥页岩纵向上多以煤岩为烃浓度封闭盖层，形成了含气煤岩—泥页岩的理想生储盖组合类型，该组合类型不但有利于自生页岩气的储集和保存，而且有利于实现煤层气、页岩气“两气”联合开采。

第二章

四川盆地及周缘页岩气富集条件

第一节　概　　况

四川盆地位于四川省和重庆市所属辖区，北界为米仓山、大巴山，南界为大凉山、娄山，西界为龙门山、邛崃山，东界为齐岳山，面积约 19 万 km^2，是我国页岩气资源赋存最为丰富的含油气盆地，其中下古生界海相页岩能够形成较好的工业产能，发展前景优于我国其他地区，是我国页岩气勘探开发最有利和最重要的地区，也是全国页岩气资源动态评价的重点地区。四川盆地是我国页岩气勘探开发的先导性试验基地，页岩气勘探开发起步早，已历时近 10 年，已建立长宁—威远、富顺—永川、焦石坝、昭通北四个海相页岩气勘探开发先导试验区。截至 2021 年，已累计探明页岩气地质储量 2.75 万亿 m^3，2021 年页岩气产量 228.40 亿 m^3。其中，中石油累计提交探明地质储量为 1.70 万亿 m^3，页岩气年产量为 128.60 亿 m^3；中石化累计提交探明地质储量为 1.05 万亿 m^3，页岩气年产量为 99.80 亿 m^3。

本次四川盆地及周缘页岩气资源评价范围是指四川盆地及由盆地相连的具有页岩气矿权的周缘地区，盆内划分为五个带，即川北低缓构造带、川东高陡构造带、川中平缓构造带、川西低陡构造带、川南低陡构造带，盆缘各区带合并为一个带，即盆缘复杂构造带(图 2-1-1)。

评价层系主要包括四大套，分别是寒武系筇竹寺组(与牛蹄塘组、水井沱组等为同期异名)、上奥陶统五峰组—下志留统龙马溪组、二叠系吴家坪组(与龙潭组为同期异相地层，吴家坪组具有最利于页岩气成藏的沉积相，部分地层特点类比龙潭组数据)与大隆组、侏罗系自流井组和千佛崖组(图 2-1-2)。

第二节　页岩气基本地质特征

四川盆地先后经历了克拉通、前陆盆地和陆相裂陷盆地的复杂演化过程，富有机质泥页岩广泛分布，主要发育在古生界的下寒武统筇竹寺组、上奥陶统五峰组—下志留统龙马溪组、上二叠统吴家坪组及大隆组、下侏罗统自流井组和中侏罗统千佛崖组。已在上奥陶统五峰组—下志留统龙马溪组发现了涪陵、威远、长宁、威荣、昭通等一批大型页岩气田。

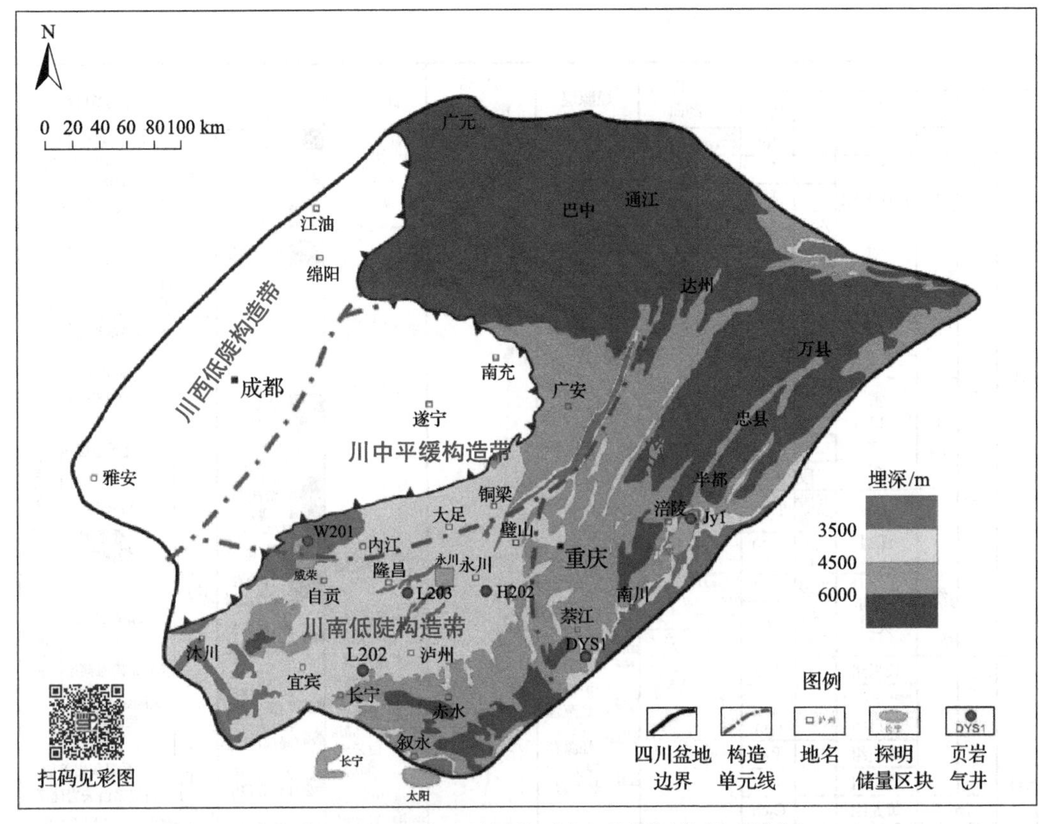

图 2-1-1 四川盆地及周缘页岩气资源评价单元划分

一、下寒武统筇竹寺组海相页岩

(一)地层沉积特征

震旦纪末，受桐湾运动的影响，扬子板块上升遭受剥蚀后，在早寒武世早期下降，开始大规模海侵。根据前人的认识及本次的研究，在早寒武世，扬子地台为一独立的板块，尚未与华夏板块、华北板块、湘桂板块等合并，北侧与南侧分别为古海洋相通。早寒武世筇竹寺期，四川盆地南部和北部分别与华南洋和秦岭洋相通，盆地中心乐山—龙女寺古隆起已见雏形，盆地西部为康滇古陆。晚震旦世，伴随着劳亚超大陆裂解和海底扩张的加速，四川盆地及周缘地区整体处于拉张背景，其外陆架由裂谷向被动大陆边缘转变；同时黔中基底的隆起加速了海底的沉降，二者为中寒武统“被动陆缘型”暗色泥页岩提供了构造—沉积背景和容纳空间；同时新元古代至早古生代发生的全球性缺氧事件、热水事件和寒武纪的生命大爆发为该地区暗色泥页岩的发育提供了有利条件，因此，早、中寒武世在中上扬子地台南北被动大陆筇竹寺组下部广泛发育一套厚度较大的“被动陆缘型”深水陆棚相暗色泥页岩。同时，早寒武世梅树村期—筇竹寺期发生的以地壳不均衡升降运动为主的兴凯地裂运动形成了绵阳—长宁裂陷槽，裂陷槽内中下寒武统沉积虽然受陆源影响大，水体动荡，但在海平面相对升高、陆源注入影响较小时，沉积了多套单层厚度较薄、TOC 相对略低的“台内裂陷槽型”半深水陆棚相暗色泥页岩。

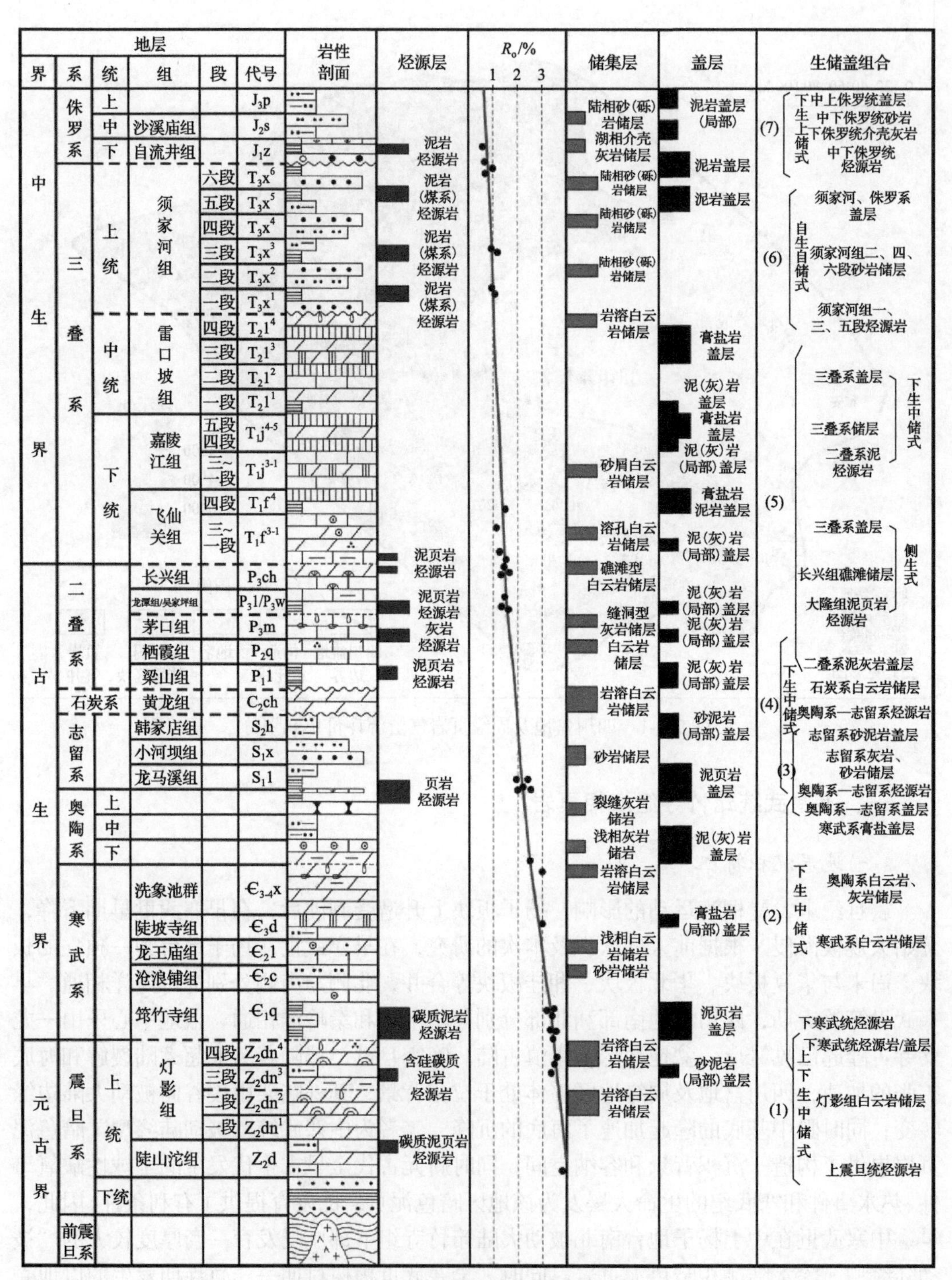

图 2-1-2　四川盆地地层综合柱状图

钻井及野外剖面揭示，上扬子地区筇竹寺组厚度一般为 50～500m。威远—资阳地区的筇竹寺组厚度较厚，如资 5—资 1—威基井主要发育灰黑色泥岩、灰色粉砂质泥岩；龙门山前缘地区筇竹寺组厚度为 50～200m；而川东南及周缘地区厚度为 50～250m。黔北—湘西—鄂西—渝东方向地层厚度有“厚—薄—厚”的变化趋势，总体沉积环境以黑灰色碳质页岩、深灰色—黑灰色泥岩、粉砂质泥页岩为主的深水陆棚环境，厚度一般为 50～250m。

(二)优质页岩空间展布

上扬子区早古生代的浅水—深水陆棚沉积环境控制了筇竹寺组黑色页岩的发育和区域分布。钻井揭示，中上扬子地区南北两侧的“被动陆缘型”深水陆棚相页岩总体具有沉积厚度大、分布面积广、纵向基本无隔、夹层、集中分布于筇竹寺组下部的特征，TOC > 2%的深水陆棚相优质泥页岩累计厚度一般大于 60m，主要分布在四川盆地东北部南江—镇巴—巫溪以及鄂西—渝东与黔北地区，如恩页 1 井、黄页 1 井的筇竹寺组岩性以黑色碳质页岩、深灰色泥岩、粉砂质泥页岩为主，下部见硅质页岩，TOC≥2%的优质泥页岩厚度分别达到 112m、79m，总体反映“被动陆缘型”优质页岩形成于长期海平面较高、深水缺氧的还原环境；而位于四川盆地呈南北展布的绵阳—长宁“台内裂陷槽型”半深水陆棚相则与“被动陆缘型”深水陆棚相页岩不同，其受陆源物质的影响较大，暗色泥页岩具有纵向上发育多层，但单层厚度不大的特点，如金页 1 井、天星 1 井下寒武统共发育四套富有机质泥页岩，单层厚度一般介于 10～30m。被动大陆边缘优质泥页岩厚度 60m 以上，受沉积控制明显。除浅水陆棚沉积会导致厚度变薄外，盆地相优质泥页岩厚度也会减薄，优质泥页岩厚度最大位于黔东南—湘西北、镇巴南部—宜昌地区。

(三)有机地球化学特征

1. 有机质丰度

下寒武统筇竹寺组泥页岩 TOC 同样受沉积环境的控制，“被动陆缘型”深水陆棚相暗色泥页岩要比“台内裂陷槽型”暗色泥页岩的 TOC 值总体要高。位于黔西北地区“被动陆缘型”的黄页 1 井页岩气层段 42 个样品 TOC 平均值达到了 6.93%，恩页 1 井页岩气层段 82 个样品 TOC 平均值达到了 4.2%；而“台内裂陷槽型”的多口钻井样品 TOC 值为 1.29%～5%，平均值为 2.23%(表 2-2-1)。

表 2-2-1 四川盆地及周缘重点探井下寒武统泥页岩有机质丰度统计表

页岩类型	井名	层位	厚度/m	TOC/%
被动陆缘	黄页 1 井	ϵ_1n	81.5	6.93
	恩页 1 井	ϵ_1n	89.2	4.2
台内裂陷槽	高石 17 井	ϵ_1q	42.2	1.7
	安平 1 井	ϵ_1q	22.5	1.8
	资 4 井	ϵ_1q	73.4	1.6
	宜 210 井	ϵ_1q	16.9	1.7

续表

页岩类型	井名	层位	厚度/m	TOC/%
台内裂陷槽	威 201 井	ϵ_1q	79.4	1.9
	威 001-4 井	ϵ_1q	61.2	1.6
	N208 井	ϵ_1q	19.3	3.5
	N206 井	ϵ_1q	17.9	5
	金页 1 井	ϵ_1q	22.5	1.29

2. 有机质类型

筇竹寺组有机显微组分以腐泥组为主，缺乏壳质组、镜质组和惰质组，其中腐泥组为 79%～92%，沥青质为 7%～22%，有机质类型主要为Ⅰ型。筇竹寺组“被动陆缘型”深水陆棚相暗色泥页岩与“台内裂陷槽型”暗色泥页岩有机质类型总体相似，页岩干酪根类型以Ⅰ、$Ⅱ_1$型为主。四川盆地北部、湘鄂西等地区多条剖面显示，有机质类型以Ⅰ、$Ⅱ_1$型为主。绵阳—长宁裂陷槽内金页 1 井类型指数为 52.00～99.37，综合判断有机质类型同样以Ⅰ、$Ⅱ_1$型为主(表 2-2-2)。

3. 热演化程度

四川盆地及周缘下寒武统筇竹寺组暗色泥页岩总体上处于高成熟—过成熟演化阶段，R_o一般介于 2.0%～4.0%。平面上存在三个相对高演化区，即通南巴—普光—涪陵、沿河—正安—遵义、川西南及黔中地区，R_o最高可达到 4.5%。而在古陆及古隆起边缘泥页岩热演化程度相对适中，并具有越远离古陆热演化程度越高的特征，如在汉南古隆起、黄陵古隆起、乐山—龙女寺古隆起以及江南—雪峰古隆起等周边，R_o一般小于 3.0%。

表 2-2-2 中上扬子区下寒武统泥页岩干酪根显微组分及类型统计表

页岩类型	地区	剖面名称	显微组分/%				类型指数	有机质类型
			腐泥组	壳质组	镜质组	惰性组		
台内裂陷槽	川西	金页 1 井	72.57	0.00	27.43	0.00	52.00	$Ⅱ_1$
	川西	金页 1 井	92.48～99.37	0.00	0.63～6.27	0.00	92.48～99.37	Ⅰ
被动陆缘	川东北	城口庙坝	70.00～71.00	0.00	29.00～30.00	0.00	42.00	$Ⅱ_1$
	鄂西	利 1 井	95.00	0.30	0.70	3.70	91.00	Ⅰ
	黔北	遵义金鼎山	88.00	0.00	2.00	4.00	88.50	Ⅰ
	黔东南	黄平浪洞	79.93	2.96	17.11	0.00	68.95	$Ⅱ_1$
	黔东南	丹寨南皋	70.91	3.03	25.15	0.91	52.65	$Ⅱ_1$
	黔东南	麻江羊跳	70.83	15.06	12.18	1.92	67.31	$Ⅱ_1$

(四)储集空间及物性特征

1. 储集空间

氩离子抛光扫描电镜、纳米计算机断层扫描术(computer tomography, CT)及露头样品揭示,四川盆地及周缘下寒武统筇竹寺组暗色泥页岩发育多种孔隙类型,包括有机质孔、粒内孔、粒间孔、微裂隙等。从孔径分布特征来看，筇竹寺组泥页岩孔隙结构以中—微孔为主，孔径在 2～50nm。但由于热演化程度的差异和保存条件的不同，暗色泥页岩有机质孔的发育存在差异：盆内裂陷槽内由于热演化程度相对适中，同时后期改造运动相对较弱，保存条件较好，表现出 TOC 虽然较低但有机质孔较为发育的现象；而盆外“被动陆缘型”暗色泥页岩由于热演化程度高，并受到多期构造运动的改造，保存条件相对复杂，局部表现出 TOC 虽然较高但有机质孔相对不发育的现象。

2. 孔隙度特征

四川盆地及周缘多口钻井下寒武统物性样品统计结果显示，页岩储层孔隙度分布范围较大,孔隙度均值介于 0.50%～4.20%,总均值为 2.366%,主要为低—中孔特点(表 2-2-3)。

孔隙度总体较低，一方面可能是高热演化程度地区致使有机质石墨化，易造成有机质孔坍塌；另一方面可能是保存条件变差，致使页岩气储层内流体压力减小，围岩压力增加，泥页岩孔隙度变小。

表 2-2-3 四川盆地及周缘下寒武统页岩储层岩心小岩样物性统计表

页岩类型	井名	层位	孔隙度/%
台内裂陷槽	金石 1 井	$Є_1q$	2.40
	金页 1 井	$Є_1q$	3.11
	金页 2 井	$Є_1q$	2.99
	高石 17	$Є_1q$	4.20
	安平 1	$Є_1q$	2.00
	资 4	$Є_1q$	4.00
	宜 210	$Є_1q$	2.70
	威 201	$Є_1q$	1.80
	威 001-4	$Є_1q$	2.10
	N208	$Є_1q$	1.10
	N206	$Є_1q$	0.50
被动陆缘	金浅 1 井	$Є_1n$	2.70
	黄页 1 井	$Є_1n$	2.74
	恩页 1 井	$Є_1n$	2.17
	城浅 1 井	$Є_1n$	0.98

（五）矿物成分特征

四川盆地及周缘下寒武统筇竹寺组下部岩性主要为深灰—黑色碳质页岩及深灰色、灰色粉砂质页岩和粉砂岩，向上粉砂质增多；其中暗色泥页岩主要由硅质、黏土矿物、长石、碳酸盐、黄铁矿和赤铁矿等构成。

X 衍射分析揭示，“被动陆缘型”与“台内裂陷槽型”暗色泥页岩矿物成分含量略有不同。其中“台内裂陷槽型”暗色泥页岩黏土矿物含量相对更高，如“台内裂陷槽型”的金页 1 井和天星 1 井，泥页岩中黏土矿物含量分别达到 40.8%和 42.3%；而“被动陆缘型”的恩页 1 井和黄页 1 井泥页岩中黏土矿物含量仅为 11.5%和 23.6%，硅质矿物含量则达到 53.2%和 48.8%(图 2-2-1)。以上特征也表明，“台内裂陷槽型”沉积物具有受陆源影响大的特点，脆性矿物中石英的来源以陆源为主，而“被动陆缘型”暗色泥页岩脆性矿物中石英来源以生物、生物化学及热水成因为主。

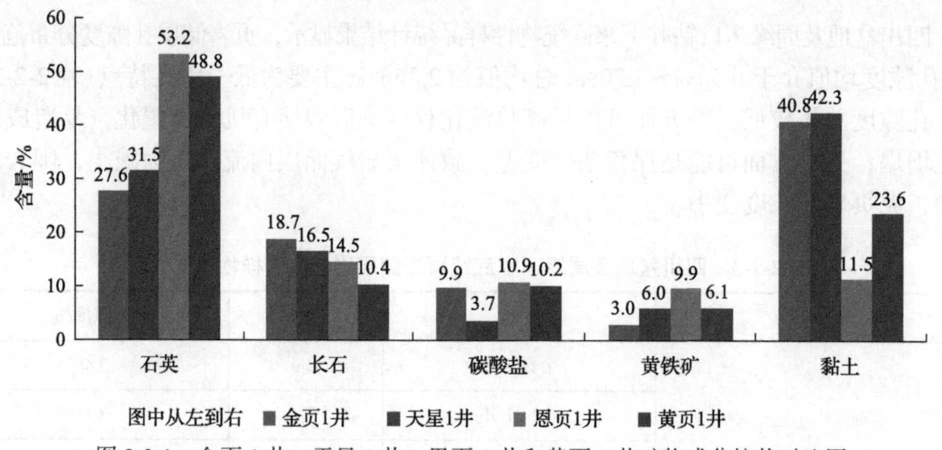

图 2-2-1　金页 1 井、天星 1 井、恩页 1 井和黄页 1 井矿物成分柱状对比图

（六）含气性特征

中石油区块多位于裂陷槽内，据测试分析数据，筇竹寺组页岩储层含气量为 1.7～3.4m³/t，在内江—资阳一带含气量最高为 2.5～3.4m³/t，长宁地区含气量为 1.2～1.3m³/t。“被动陆缘型”页岩气层总体处于四川盆地外，相对于“台内裂陷槽型”地层历经了多次构造升降、抬升和剥蚀，构造运动改造强烈。但勘探实践表明，古隆起边缘构造相对稳定区及盆外残留负向斜构造是构造弱变形区，亦是页岩气保存条件的有利区，页岩气层含气性较好。如位于盆外黄陵隆起南缘的鄂宜页 1 井筇竹寺组测试获无阻流量 12.38 万 m³/d，其顶板为相对较厚的岩家河组，岩性为薄层灰岩与灰质泥岩互层，具有良好的封隔条件，加之其位于黄陵隆起南缘斜坡，构造相对稳定，页岩层含气性较好；另外位于雪峰古隆起的天星 1 井，其底板为老堡组的泥质白云岩夹页岩，含硅质透镜体，同样具有良好的底板条件，加之井周断裂不发育，构造整体较稳定，因此筇竹寺组页岩气层含气性较好，全烃最大 2.2%，直井测试获 3000m³/d 的页岩气流(表 2-2-4)。

表 2-2-4 筇竹寺组页岩气储层含气量测井解释统计表

地区	井名	起始深度/m	终止深度/m	储厚/m	吸附气含量/(m^3/t)	游离气含量/(m^3/t)	总含气量/(m^3/t)
老龙坝—高石梯	高石 17	4969.5	5091.3	42.2	1.1	2.3	3.4
	安平 1	5014.7	5039.0	22.5	1.3	0.7	2.0
	资 4	3993.5	4270.0	73.4	1.0	1.9	2.9
	宜 210	3718.0	3750.0	16.9	1.1	0.6	1.7
	威 201	2600.0	2822.5	79.4	1.2	1.3	2.5
	威 001-4	2854.2	3076.9	61.2	1.0	0.8	1.8
长宁	N208	3258.0	3279.5	19.3	1.2	0.8	1.2
	N206	1851.5	1892.9	17.9	1.3	0.0	1.3

二、上奥陶统五峰组—下志留统龙马溪组海相页岩

(一)地层沉积特征

晚奥陶世(凯迪期晚期—赫南特期)，四川盆地受周边挤压作用，黔中古隆起及川中古隆起继续隆升，围限了上扬子海域，使其成为局限海盆；到早志留世，为古隆起发育的高峰阶段，此时陆地边缘处于高度挤压状态，造山运动强烈，致使川中隆起的范围不断扩大，与黔中隆起、武陵隆起、雪峰隆起及苗岭隆起基本相连，形成了滇黔桂最大的隆起带，使得四川盆地沉积环境为古隆起带包围的一个局限陆棚环境。

受此古地理环境及海平面变化的影响，四川盆地及周缘整体为半闭塞滞留环境，伴随着海平面的迅速上升和古生物的高度繁盛，深水陆棚相带沉积了一套富含有机质的灰黑色碳质页岩，黄铁矿及笔石、放射虫等丰富，页理较发育，笔石生物群常呈层状分布，TOC 高，分布稳定，为四川盆地及周缘最重要的页岩气勘探层段之一。

四川盆地五峰组—龙马溪组页岩主要出露于盆地边部的川东南、大巴山、米仓山、龙门山及康滇古陆东侧，盆地内部仅在华蓥山有出露，乐山、成都及川中龙女寺一带因后期抬升遭受剥蚀而大范围缺失志留系。全盆地下志留统龙马溪组一般厚 200～600m，属笔石页岩相沉积，存在两个生烃中心：一个生烃中心是以万州—石柱—涪陵为中心的川东生烃凹陷；另一个生烃中心则分布于自贡—泸州—宜宾一带，即川南生烃中心。

(二)优质页岩空间展布

钻井揭示，四川盆地及周缘地区五峰组—龙马溪组 TOC≥1%的富有机质页岩主要发育在五峰组—龙马溪组一段(龙一段)，其中 TOC≥2%的优质页岩主要发育在该段底部。以川东南涪陵、丁山地区为例，包含五峰组下部观音桥段和龙一段下部的层段，其中五峰组下部为 3～6m 灰黑色碳质笔石页岩，间夹 1mm～2cm 条纹或条带状的斑脱岩；五峰组上部观音桥段则相对较薄，多为 0～0.7m 的含灰碳质页岩或含介壳泥质白云岩或泥质灰岩，龙一段下部则为厚 20～30m 的灰黑色碳质笔石页岩，向上总体具有 TOC 降低、粉砂质含量略有增加的趋势。

平面上，五峰组—龙一段优质页岩呈北东—南西向长条状展布，表现为与深水陆棚沉积相带分布一致的特点，发育两个优质页岩沉积中心，分别位于川东北巫溪—川东南涪陵和川南地区，优质页岩厚度由两个沉积中心向古陆方向逐渐减薄。川西南地区新站—宜宾—泸州一带优质页岩厚度 50～80m，向靠近古陆的威远、威信、云荞等地厚度减薄到 30m 以下；川东南地区丁山—涪陵—武隆—潜江一带优质页岩厚度 30～42m，向华蓥溪口、酉阳等地厚度减薄到 20m 以下；川东北地区巫溪—田坝一带优质页岩厚度 40～70m，向观音—巴中、宾山—荆州等地厚度减薄到 20m 以下。

(三) 有机地球化学特征

1. 有机质丰度

四川盆地及周缘五峰组—龙一段泥页岩 TOC 比较高。涪陵焦页 1 井 173 个样品 TOC 分布在 0.55%～5.89%，平均值为 2.54%，TOC 具有由下往上逐渐降低的趋势。高值主要集中在五峰组与龙一段底部的深水陆棚黑色页岩段，五峰组 TOC 最大，龙一段底部黑色页岩段次之，中上部灰黑色页岩段最小。焦页 1 井五峰组—龙马溪组底部 38m 厚的深水陆棚黑色页岩段 TOC 一般都大于 2%，平均 3.56%。

平面上 TOC 总体由沉积中心向周缘古陆方向降低。如涪陵焦石坝—武隆地区、巫溪地区位于深水陆棚沉积中心，优质页岩平均 TOC 介于 3.71%～4.30%；丁山地区、林滩场地区靠近黔中隆起，优质页岩平均 TOC 介于 3.02%～3.42%；威远—屏边地区靠近川中古陆，其优质页岩平均 TOC 介于 3.20%～3.39%。

2. 有机质类型

四川盆地五峰组—龙一段黑色页岩有机质主要由浮游藻类、疑源类、细菌和笔石等成烃生物及其早期生成的原油演化形成的固体沥青等组成。其中以非动物碎屑有机质(包括浮游藻类、疑源类、细菌和固体沥青等)为主。干酪根镜检显微组分以腐泥组为主，见少量镜质组、惰质组和沥青组，干酪根 $\delta^{13}C_{PDB}$ 主要介于–30.1‰～–28.5‰，平均值为–29.4‰，总体表现为以Ⅰ型、$Ⅱ_1$ 型为主的有机质类型特征。

3. 热演化程度

四川盆地及周缘五峰组—龙一段页岩总体上处于高成熟—过成熟阶段，R_o 一般为 2%～3%，局部为 3%～4.3%。五峰组—龙马溪组泥页岩在普光、建深 1 井、万州和泸州地区为 R_o 高值区，R_o 最高达 4.3%；川东北和靠近南部黔中隆起、东南部雪峰隆起的区域为 R_o 低值区，R_o 一般小于 2.0%，最低为 1.2%；川西南屏边地区 R_o 最高达 3.37%，这很可能是后期受到峨眉地幔柱的影响，有机质快速达到过成熟阶段。

(四) 储集空间及物性特征

1. 储集空间

四川盆地及周缘五峰组—龙一段页岩储层中存在大量微纳米级孔隙和裂缝，孔隙呈蜂窝状分布，裂缝分布较复杂。有机孔是五峰组—龙马溪组页岩储层中最主要的孔隙类型，在氩离子抛光扫描电镜下呈近球形、椭球形、片麻状、凹坑状、弯月形和狭缝形等，孔隙直径一般为 2～1000nm，大多为有机质成熟生烃形成的有机质孔(郭旭升等，2014；黄仁春等，2014)。五峰组—龙马溪组页岩中见到的无机孔多以硅质、长石、黏土矿物、黄铁矿等无机矿物为载体，孔隙直径一般为 2nm～20μm 不等。

五峰组—龙一段页岩储层微裂缝主要为矿物或有机质内部裂缝或颗粒边缘缝。裂缝宽度主要介于 0.02～1μm，为沟通纳米级孔隙的主要通道。宏观裂缝在平面和纵向上具有一定的差异性，平面上远离断裂带区域裂缝相对不发育，而靠近断裂带的区域裂缝较发育。在钻井过程中泥浆漏失量较大，地层整体较破碎。纵向上页理缝广泛发育，层间滑动缝主要发育在五峰组—龙一段下部(图 2-2-2)。

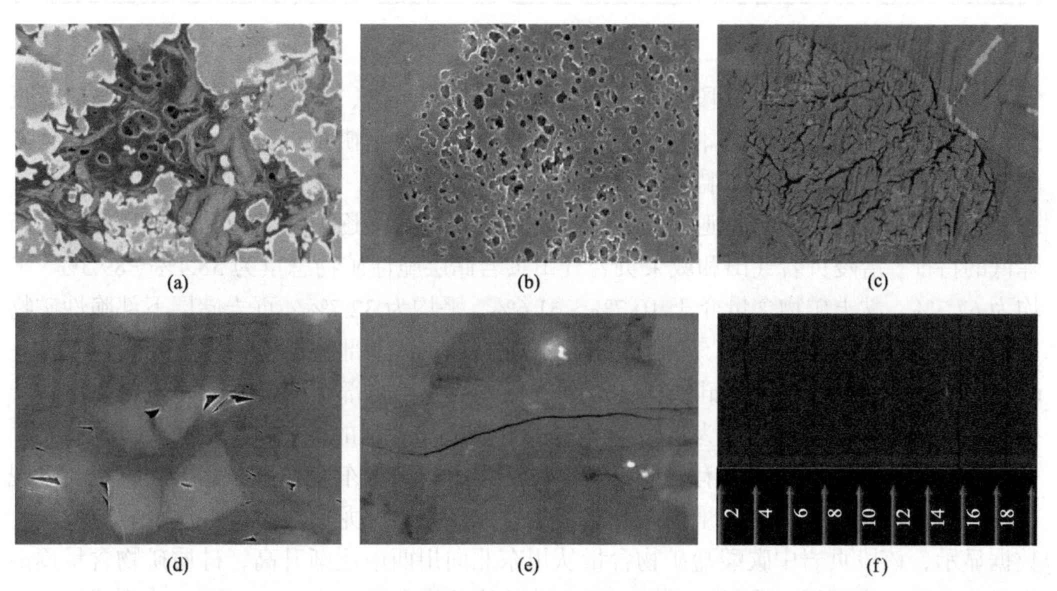

图 2-2-2 四川盆地及周缘五峰组—龙一段页岩孔隙和裂缝类型

(a)有机质孔，分布于刚性矿物间的黏土矿物间和部分硅质矿物间；(b)有机质孔，呈蜂窝状分布；(c)粒内孔，黏土矿物絮凝粒内纳米孔隙；(d)晶间孔，黄铁矿晶间孔；(e)碎屑颗粒与黏土矿物间微裂缝；(f)页理缝

2. 孔隙度特征

四川盆地五峰组—龙一段页岩储层孔隙度表现为低—中孔的特点，孔隙度大多分布在 3%～7%，具有以下特点。

页岩气层孔隙度纵向分布具有一定的分段性，不同地区纵向又表现出略有不同的分布特征。涪陵页岩气田及丁山地区页岩气层孔隙度总体表现为下高、中低、上高“两高夹一低”的特点，以焦页 1 井、丁页 1 井为代表；永川地区表现为下低、中高、上低“两低夹一高”的特点，以永页 1 井为代表；威荣页岩气田总体表现为由下往上孔隙度逐渐降低的特点。在平面上，不同地区页岩储层孔隙度同样存在一定的差异。盆内保存条件好的井孔隙度较高(表 2-2-5)，如焦页 1 井普遍大于 4%，平均达到 4.52%。在相似 TOC 和相近的热演化程度下，保存条件较差的井，孔隙度通常较低，如南天湖的天页 1 井、屏边的民页 1 井孔隙度分别只有 0.53%、1.01%。

表 2-2-5　四川盆地五峰组—龙马溪组页岩孔隙度统计表(岩心实验数据)　(单位：%)

层位	N201	N203	自 201	足 201
龙一 2 亚段	3.93	3.52	4.56	3.84
龙一$_1^4$小层	6.45	5.43	5.01	5.30
龙一$_1^3$小层	8.17	6.53	6.88	5.70
龙一$_1^2$小层	5.87	4.74	5.80	5.03
龙一$_1^1$小层	6.87	5.00	6.30	4.50
五峰组	5.89	5.21	3.02	3.39

(五)矿物成分特征

四川盆地五峰组—龙一段岩性主要包含碳质笔石页岩、含碳含粉砂页岩、含粉砂页岩，页岩储层的构成矿物基本相同，主要包括硅质、黏土矿物、长石、碳酸盐、黄铁矿和赤铁矿。其分布具有以下特点。

五峰组—龙一段页岩普遍具有自上而下脆性矿物含量逐渐升高、黏土矿物含量逐渐降低的特征。涪陵页岩气田和威荣页岩气田页岩储层脆性矿物总量为 38.4%～89.3%，平均为 67.3%，黏土矿物含量介于 10.7%～61.6%，平均为 32.7%。页岩储层下部脆性矿物含量明显较高，含量一般为 50%～80%，平均为 65%，上部脆性矿物含量降低到 40%～60%。龙一段上部储层页岩硅质矿物以陆源输入为主，下部页岩硅质矿物主要为生物、生物化学成因，这也是其成为具高 TOC、高硅质矿物含量的优质页岩的重要原因。

平面上，川西南地区富有机质页岩脆性矿物组成与川东南和川东北不同，主要表现在碳酸盐矿物和硅质矿物含量的差异。四川盆地五峰组—龙一段下部优质页岩层段统计数据显示，该段页岩中碳酸盐矿物含量从川东北向川西南逐渐升高，硅质矿物含量逐渐降低。巫溪、焦石坝、武隆、平桥、丁山碳酸盐矿物含量为 3.5%～10.8%，到威远、威荣、屏边增加到 18.9%～26.5%；焦石坝、武隆、平桥、丁山硅质矿物含量平均值为 37.8%～48.8%，到威远、威荣、屏边降低到 30.6%～39%(表 2-2-6)。

表 2-2-6　四川盆地五峰组—龙一段矿物测井数据统计表　(单位：%)

井名	层位	硅质	碳酸盐	脆性矿物	黏土矿物
丁山 1	五峰组—龙一段	38.5～89.0/65.5	0～60.7/17	82.5	3.0～26.4/15.2
宫 2	五峰组—龙一段	21.5～58.2/51.1	0～65.3/5.2	56.3	16.9～39.5/34.0
威 201	五峰组—龙一段	14.2～88.4/49.7	0～77.8/17.6	67.3	0.0～53.8/32.4
N203	五峰组—龙一段	13.2～67.5/52.2	0～64.0/11.6	63.8	17.7～61.0/34.3
N208	五峰组—龙一段	32.6～74.5/55.2	0～41.0/9.6	64.8	11.3～54.6/34.3
自 201	五峰组—龙一段	6.2～73.0/44.5	2.6～65.0/30.0	74.5	6.8～41.0/24.8

注：38.5～89/65.5 为最小值～最大值/平均值，余同。

(六)含气性特征

四川盆地五峰组—龙一段页岩整体上含气性较好，页岩储层段含气量大多分布在1～9m³/t。

纵向上，五峰组—龙一段页岩储层含气量具有向页岩沉积建造底部层段明显增大的特征。如涪陵页岩气田焦页1井上部平均含气量3.05m³/t，底部平均含气量达到5.85m³/t；永页1井上部平均含气量2.30m³/t，底部平均含气量达到3.94m³/t。

平面上，不同地区页岩储层含气量存在差异。一般而言，四川盆地内含气量高于盆地外，如盆内焦石坝、平桥、白马、丁山、永川、威远—荣县地区10口钻井五峰组—龙一段优质页岩储层含气量平均值介于1.82～6.40m³/t，盆外彭水、武隆地区2口钻井优质页岩储层含气量平均值介于1.9～2.39m³/t；值得注意的是，四川盆地内五峰组—龙一段页岩储层含气量大多较高，但也有的地方含气量低甚至不含气。例如，涪陵页岩气田焦石坝、平桥、白马区块优质页岩储层含气量平均值介于3.88～5.93m³/t，川西南屏边断褶带的民页1井因钻遇走滑断裂复杂带，页岩储层几乎不含气。

五峰组—龙一1亚段含气性较好，往上含气量有降低的趋势，五峰组—龙一1亚段页岩含气量为2.29～3.15m³/t，平均为2.71m³/t；龙一2亚段页岩含气量为0.29～1.21m³/t，平均为0.62m³/t；龙二段不发育，见表2-2-7。

表2-2-7 四川盆地五峰组—龙一1亚段页岩含气量统计

井号	五峰组—龙一1亚段厚度/m	吸附气/(m³/t)	总含气量/(m³/t)
Y101	74.0	1.6	4.3
螺观1	48.0	1.3	3.2
王家1	37.2	0.9	3.8
临7	46.8	0.8	2.8
丁山1	42.3	1.2	2.1
邓探1	48.3	1.3	3.5
窝深1	37.0	1.5	5.1
宫2	38.0	2.4	5.6
威201	53.0	0.9	1.9
N203	30.5	1.5	4.0
N208	34.0	1.5	1.9
自201	41.0	1.4	5.5

三、二叠系海陆过渡相页岩

(一)地层沉积特征

上二叠统吴家坪组富有机质页岩在四川盆地广泛发育，为一套优质的海陆过渡相页岩气层。四川盆地在中二叠统沉积之后，由于受东吴运动的影响，海水向东退却，盆地西部地区上升成陆，形成西南高、东北低的西陆东海的古地理格局，因而晚二叠世早期沉积自西向东呈现明显的由陆到海的相变，依次为玄武岩喷发区/河流、三角洲—滨岸沼泽相—潮坪/潟湖相—台地相—斜坡/浅水陆棚—陆棚相。总体来说，川西南地区西昌—美姑—甘洛一带为玄武岩喷发区，雅安—乐山—马边—雷波一带为近物源的河流相沉积区；川中—川东南地区为吴家坪组海陆过渡相含煤碎屑岩沉积区；川东—川北地区则主要为吴家坪型海相碳酸岩盐混积台地和斜坡—陆棚沉积区。

川中—川东南地区吴家坪组岩性主要为深灰色、灰黑色泥页岩、岩屑砂岩夹煤层，含黄铁矿结核，有时夹石灰岩、硅质岩薄层或透镜体。根据区内井资料统计，上二叠统吴家坪页岩由南向北呈逐渐增厚趋势，厚度为20～120m，一般厚度都在80m，仅盆地南缘页岩厚度低于 50m。沉积中心在资阳—潼南和永川一带，厚 100～120m。以威远—隆昌一带为界，页岩厚度向东、向北递增，向南先增后减，至长宁—兴文一带，低至40m以浅。

大隆组主要分布于盆地北部开江—梁平陆棚深水区及城口—鄂西海槽内，上与飞仙关组泥岩、灰质泥岩呈整合接触，下与灰色中层状、厚层状含硅质团块灰岩的吴家坪组整合接触。大隆组具有两段岩性特征，一段为灰黑色碳质泥页岩、灰黑色含碳质灰质泥页岩、灰黑色含碳质泥灰岩段，二段为灰色灰岩段。大隆组厚度在 20～35m，向东西斜坡—台缘方向厚度逐渐变厚，灰质含量也逐渐增多。

（二）富有机质页岩空间展布

四川盆地发育川中—川东南地区吴家坪组和川东北地区吴家坪组两个泥页岩发育区，泥页岩累积厚度介于40～100m。其中，川东北吴家坪组泥页岩主要发育在宣汉以北普光5井区的斜坡—陆棚沉积区，岩性以泥岩夹薄层状灰岩为主，泥页岩累积厚度40～100m，但泥页岩埋深大，主要介于5000～6000m；而川中—川东南一带主要为滨岸沼泽、潮坪相的吴家坪组，发育一套暗色泥页岩夹薄煤层、灰岩或砂岩的地层组合，暗色泥页岩累积厚度都较大，厚度介于 60～100m，埋深适中，主要介于 1000～4500m。大隆组TOC＞2%的富有机质泥页岩在四川盆地北部边缘，厚度为15～35m，泥地比一般在85%以上。

（三）有机地化特征

1. 有机质丰度

沉积环境控制了吴家坪组富有机质泥页岩的有机碳含量，其中滨岸沼泽相、潮坪相和斜坡—陆棚相这三种沉积环境最有利于富有机质泥页岩的发育（曹涛涛等，2018；张吉振等，2015；周东升等，2012）。四川盆地吴家坪组泥页岩存在两个丰度高值区（TOC＞3.0%），分别是北部的巴中—达州—万州一带和南部的内江—泸州—赤水一带，与深水陆棚相和潮坪潟湖相的分布一致。川东南綦江东溪地区处于吴家坪组潮坪潟湖相带内，其中东页深 1 井分析化验资料揭示，吴家坪组泥页岩 TOC 介于 0.15%～80.27%，平均 7.74%，显示出吴家坪组页岩层段具有较高的 TOC，但不同的岩性 TOC 差异较明显。其中煤层 TOC 最高，平均值高达 59.67%，碳质泥岩、泥岩和白云质/灰质泥岩次之，分别为 6.15%、1.53%和 1.35%；灰岩、凝灰质泥岩和铝土岩最差。

四川盆地二叠系大隆组一段海相富有机质泥页岩的有机质丰度有较大的变化，样品 TOC 分布范围在 0.08%～23.66%，平均为 5.39%。其中 TOC＞2%的占 67.8%；TOC＞4%的占 46.5%。

2. 有机质类型

吴家坪组沉积环境差异较大，导致有机质类型较为复杂。总体来看四川盆地及周缘吴家坪组泥页岩有机质类型以Ⅲ、Ⅱ_1和Ⅱ_2型为主，其中含煤页岩主要为Ⅲ型，不含煤的暗色页岩为Ⅱ_2、Ⅲ型。川东南东页深 1 井吴家坪组有机显微组分及碳同位素分析表明，有机质类型以腐殖型为主；干酪根碳同位素 δ^{13}C 值介于–24.1‰～–22.6‰。

大隆组泥页岩样品的干酪根 δ^{13}C 值介于–27.7‰～–24.8‰，主要集中在–28.0‰～–26.0‰，有机质类型总体上为Ⅱ型。

3. 热演化程度

四川盆地吴家坪组总体处于高成熟—过成熟阶段，R_o值的变化具有中部高、两侧低的趋势，由盆地四周向盆地腹地有机质成熟度变高，最高处位于威远—潼南—西充一带，R_o值主要介于 3.0%～3.5%；开县—云阳、綦江—永川为两个次高值区，最高达 2.8%；丁山—东溪在 2.1%～2.3%。

大隆组实测的 R_o值(由沥青 R_b换算，$R_o=0.3364+0.6569R_b$)介于 1.5%～3.0%，平均为 2.0%，热演化程度适中。

(四)储集空间及物性特征

1. 储集空间

通过氩离子抛光扫描电镜观察发现，吴家坪组储集空间以无机孔隙为主，有机质孔隙发育程度较低(图 2-2-3)。其中，无机孔隙类型主要是黏土矿物孔和微裂隙。另外，在部分高等植物残片、有机质中可见生物结构孔或少量微孔隙。

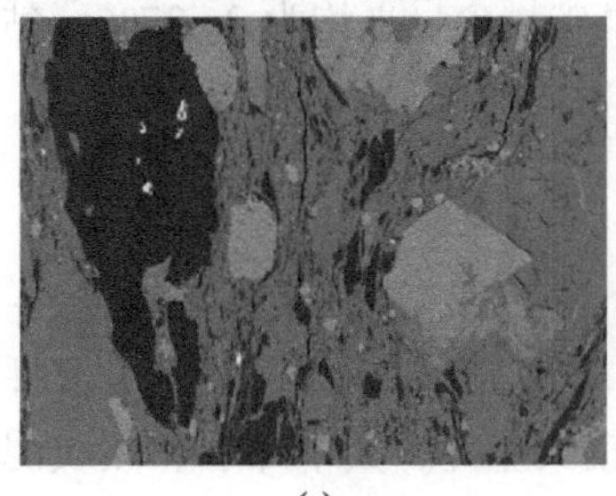
(a)

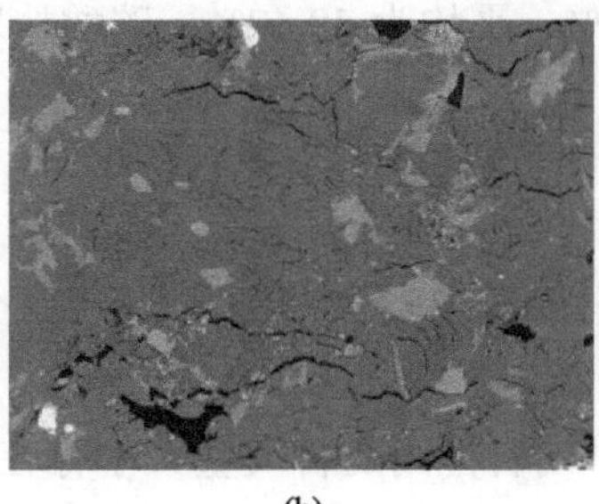
(b)

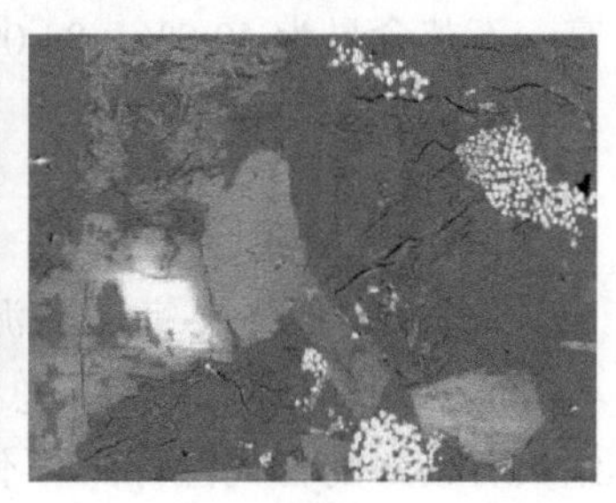
(c)

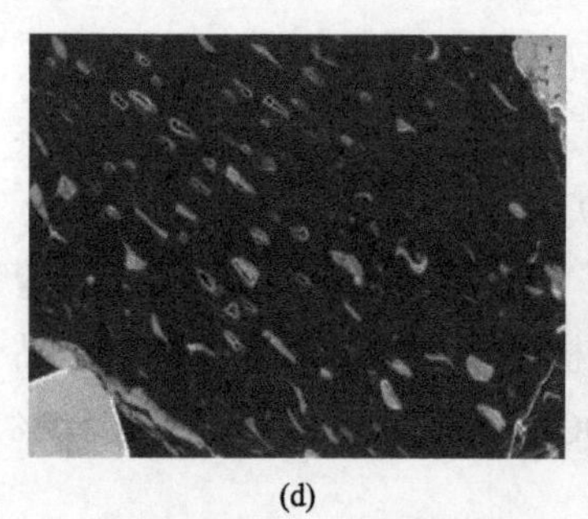
(d)

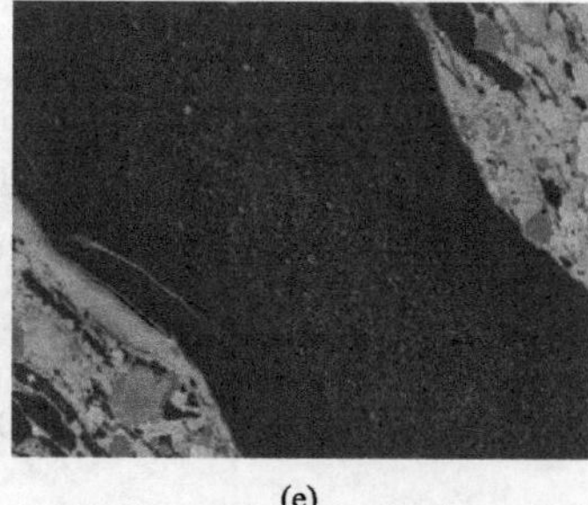
(e)

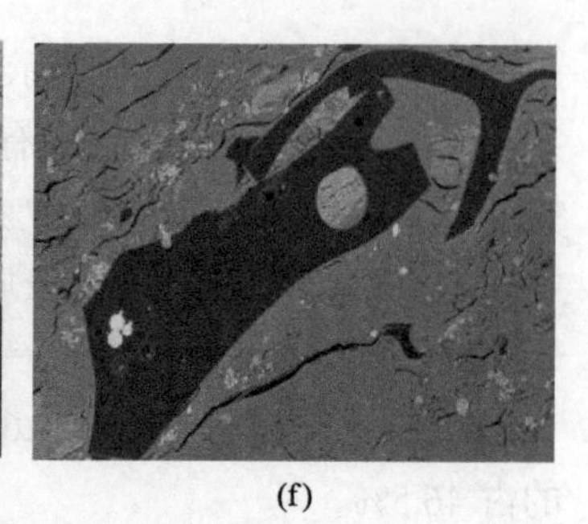
(f)

图 2-2-3　东页深 1 井吴家坪组不同类型孔隙特征

(a)微裂隙和黏土矿物层间孔；(b)黏土矿物孔、微裂隙；(c)黏土矿物间孔隙发育良好，方解石颗粒内见溶孔；(d)高等植物残片中生物结构孔；(e)少量具有丰富微孔隙的有机质颗粒；(f)高等植物内发育的气孔

2. 孔隙度特征

川东南地区吴家坪组泥页岩储层物性总体表现出较高孔隙度和较低渗透率特征。其中，吴家坪组泥页岩孔隙度主要介于 1.13%～10.67%，平均为 6.06%。测试样品中，煤岩及凝灰质泥岩具有高孔隙度特征，孔隙度平均值在 9.93%～10.99%；碳质泥岩类次之，孔隙度为 3.27%～9.00%，平均为 7.05%；泥岩孔隙度为 1.13%～8.03%，平均为 4.40%；白云质/灰质泥岩孔隙度为 1.99%～4.02%，平均为 3.01%。

(五)*岩石矿物特征*

东页深 1 井吴家坪组页岩气层段岩性较为复杂，包含了煤层、泥岩、碳质泥岩、白云质/灰质泥岩、凝灰质泥岩和铝土质泥岩等。99 个样品的 X 衍射分析(全岩样)结果表明，吴家坪组具有黏土含量较高和石英含量较低的特征。其中，石英含量介于 0.3%～71.9%，平均为 22.1%；黏土矿物含量介于 6.2%～90.6%，平均为 48.3%；碳酸盐矿物含量介于 0.2%～82.0%，平均为 13.9%。

不同岩性的矿物含量存在较大的差异。其中，泥岩、碳质泥岩、白云质/灰质泥岩和铝土质泥岩类的石英含量较高，分别为 24.48%、22.93%、25.39%和 20.57%；煤层、泥岩、碳质泥岩、白云质/灰质泥岩、凝灰质泥岩和铝土质泥岩的黏土矿物含量较高，含量分别为 56.55%、49.79%、51.14%、33.03%、54.94%和 63.87%；白云质/灰质泥岩、灰岩类碳酸盐含量较高，含量分别为 30.46%和 60.7%。

HB1 井大隆组泥页岩全岩矿物成分分析结果表明，黏土矿物含量低，脆性矿物含量高。石英含量为 40.0%～84.0%，平均为 58.47%；碳酸盐岩矿物含量平均为 26.37%，黏土矿物含量平均为 4.84%。

(六)含气性特征

东页深 1 井吴家坪组泥页岩现场含气量测试(26 个样品)解吸气量介于 0.11～4.28m^3/t，平均为 0.8m^3/t，总含气量介于 0.32～12.43m^3/t，平均为 2.12m^3/t，显示吴家坪组具有较好的含气性特征。不同岩性间的含气量大小存在较大差异，其中煤层、碳质泥岩含气量高，解吸气量平均分别为 4.28m^3/t 和 1.18m^3/t，总含气量分别为 12.43m^3/t 和

3.23m^3/t；泥岩、白云质/灰质泥岩和灰岩含气量次之，解吸气量平均分别为 0.42m^3/t、0.41m^3/t、0.44m^3/t，总含气量分别为 1.14m^3/t、0.8m^3/t、0.81m^3/t；凝灰质泥岩和铝土质泥岩含气量最差，解吸气量平均分别为 0.2m^3/t 和 0.11m^3/t，总含气量分别为 0.67m^3/t 和 0.41m^3/t。此外，通过吴家坪组泥页岩含气量与 TOC 相关关系研究表明，含气量与 TOC 呈现良好的正相关关系，即 TOC 越高，解吸气量与总含气量也越高。

大隆组一段含气量变化较大，解吸气量分布在 0.40～3.14m^3/t，平均为 1.31m^3/t；含气量分布在 0.47～4.39m^3/t，平均为 1.59m^3/t，其中 64.3%的样品含气量在 1～2m^3/t。

四、中下侏罗统陆相页岩

四川盆地主要有三套湖相页岩油气地层：自流井组东岳庙段、大安寨段及千佛崖组。目前已经在建南、涪陵、元坝等地区获得良好的页岩油气显示和工业油气流，展示了良好的页岩油气勘探前景。

四川盆地陆相湖盆分布范围较海相规模要小，受周缘构造活动影响大，因此沉积相变化快，岩性变化频繁，岩性组合类型多样(互层、夹层)，陆相页岩油气层系与海相页岩气层系地质特征不一致且具有自身特点。

(一) 地层沉积特征

自流井组东岳庙段沉积期，盆地基底沉降速率变缓，周缘构造带活动也几乎停滞，由此使早期隔离分散的小湖盆完全沟通连接起来，形成了一种典型的大型陆源碎屑浅水湖盆模式，即中部为浅湖—半深湖亚相，向外围过渡为滨浅湖和滨湖亚相，并且具有早期湖水加深，晚期湖底抬升、湖水逐渐变浅的特征。滨湖主要发育于盆地西缘及西北缘，而浅湖、半深湖亚相主要分布于盆地中心，面积相当于现今盆地面积的 4/5。阆中—元坝—平昌—涪陵一带发育浅湖—半深湖亚相，沉积了一套黑灰色泥页岩。东岳庙段厚度变化较大，盆地内部沉积厚度最大超过 170m，而周边减薄至 20m。元坝地区位于靠近物源的浅湖沉积区，受入湖河水带入的物源碎屑影响，东岳庙段岩性为深灰色、灰黑色泥岩夹灰色细砂岩—粉砂岩和煤岩，地层厚度一般介于 70～170m；涪陵梁平地区位于离物源区较远的半深湖相沉积区，东岳庙段岩性为灰黑色泥页岩夹少量介壳灰岩、粉砂岩薄层，地层厚度介于 60～80m。

大安寨段沉积期四川盆地构造沉降速率较大，四川盆地周缘山系活动处于一个平静期，大型河流不发育，入湖陆源碎屑沉积物供给速率较小且不稳定。大安寨段沉积期发育了早侏罗世四川最大的淡水湖盆，湖盆水体较清澈，加上温暖的气候条件，双壳类、腹足类等生物大量繁衍，从而在浅湖相带广泛发育介壳滩，形成了侏罗系一种特别的碳酸盐岩湖泊沉积。大安寨段沉积期经历了一个完整的湖进—湖退过程。大安寨段沉积中期半深湖相富有机质泥页岩发育，是湖相页岩气主要勘探层段之一。四川盆地内部大安寨段厚度最大超过 100m，而周边则减薄至 20m 以下。元坝地区主体位于浅湖、半深湖相，大安寨段岩性为灰色、灰黑色泥岩与灰色介壳灰岩、细砂岩、粉砂岩不等厚频繁互层，地层厚度一般介于 70～90m；涪陵梁平地区同样位于浅湖、半深湖相沉积区，但大安寨段岩性略微发生变化，表现为砂岩夹层减少，介壳灰岩夹层增多，地层厚度介于 70～80m。

千佛崖组沉积期是四川盆地中侏罗世(或早侏罗世末)的一次较大规模湖侵期，下部(千一段、千二段)发育湖泊沉积体系和三角洲沉积体系，表现为湖进的特点，湖泊相区主要为灰黑色页岩、灰色石英砂岩及灰绿色、紫红色泥岩互层沉积，暗色泥岩沉积厚度10～50m；上部(千三段)发育三角洲沉积体系，局部地区可能发育扇三角洲沉积体系，表现为湖退的特点；沉积体系以湖泊沉积体系、曲流河三角洲发育为特征，为陆源碎屑浅水湖盆模式。

(二)富有机质页岩分布

自流井组东岳庙段富有机质泥页岩平面展布具有西薄东厚的特征，页岩气层分布与富有机质泥页岩发育区一致。东岳庙段页岩气层的分布明显受沉积相带的控制，富有机质泥页岩发育在还原条件较强的半深湖—浅湖相带中，基底的稳定性较强，环境安定，有利于生物的繁殖生长和有机质的保存，为自流井组东岳庙段大面积含油气区的形成奠定了基础。川东北元坝—仪陇—平昌—通江一带及川东南大足—涪陵—垫江—忠县一带东岳庙段为半深湖—浅湖相，富有机质泥页岩发育，厚度 30～60m，是东岳庙段页岩气层发育有利区。这两个富有机质泥页岩发育区向北至大巴山、米仓山前缘，向川西—川西南地区富有机质泥页岩厚度减薄。

大安寨段富有机质泥页岩平面展布具有西南薄东北厚的特征。富有机质泥岩明显受沉积相带的控制，半深湖—浅湖相带环境安定，有利于生物的繁殖生长，且还原条件较强，有利于有机质形成与保存，富有机质泥岩中富含以淡水类瓣鳃为主的生物化石，一些层段中保存良好的瓣鳃化石呈层分布，形成介壳页岩层。富有机质泥岩主要分布在大2 亚段，其厚度一般分布在 45～60m，平面上富有机质泥页岩主要位于阆中—元坝—仪陇—达州—万州一带，厚度在 50～80m，为页岩气层发育有利区；在川东南涪陵—垫江—忠县一带，厚度在 30～50m；向北至大巴山、米仓山前缘有机质泥岩厚度减薄；川西—川西南地区处于滨湖相带，富有机质泥页岩不发育，厚度在 10～20m。

千佛崖组富有机质泥页岩纵横向的分布特征明显受控于沉积环境的变迁以及沉积相带的分异。千二段总体水动力较弱，水体相对安静且贫氧，有利于富有机质暗色泥页岩形成。纵向上，千佛崖组暗色泥页岩主要分布于千一段下部—千二段，岩性组合为泥岩、页岩、粉砂质泥岩夹泥质粉砂岩、粉砂岩。千佛崖组沉积中心位于川东北、川东南地区，暗色泥页岩厚度最大超 50m，以这一带为中心往外逐步减薄。元坝—巴中—平昌—大竹—梁平—涪陵一带暗色泥页岩厚度一般介于 30～50m，为千佛崖组页岩气层发育区。

(三)有机地球化学特征

1. 有机质丰度

自流井组东岳庙段富有机质泥页岩在元坝、涪陵梁平地区 TOC 平均值分别为1.77%、1.56%。有机碳含量的变化与沉积相有关，半深湖相带泥页岩 TOC 整体高于浅湖、滨湖相带。涪陵梁平地区东岳庙段下部半深湖相泥页岩 TOC 为 1.92%～2.93%，上部浅湖相泥页岩 TOC 为 0.62%～0.81%。

大安寨段富有机质泥页岩 TOC 主要介于 0.31%～3.06%，大部分 TOC＜2%(图 2-2-4)。

元坝地区半深湖相泥页岩 TOC 平均为 1%～1.36%，浅湖相泥页岩 TOC 平均为 0.92%～0.93%，滨湖相泥页岩 TOC 平均为 0.75%～0.91%。元坝、涪陵梁平地区大 2 亚段主要为半深湖相沉积，富有机质泥页岩发育，TOC 平均为 1.11%、1.21%。

千佛崖组富有机质泥页岩主要集中分布在千二段，TOC 介于 0.04%～3.58%，元坝、涪陵 TOC 平均为 1.02%、0.94%。

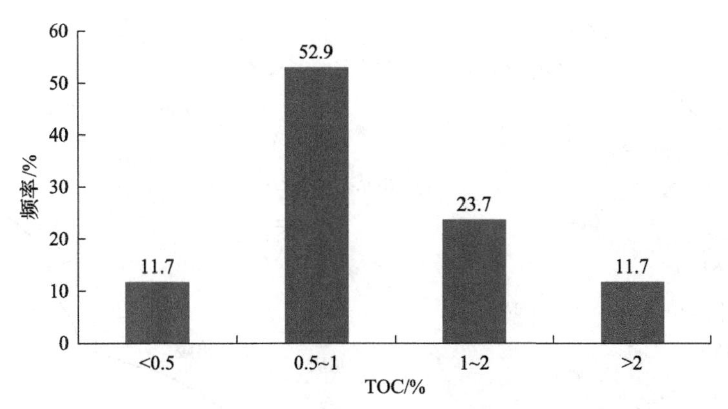

图 2-2-4 元陆 4 井侏罗系自流井组大安寨段 TOC 分布直方图

2. 有机质类型

元坝、涪陵梁平地区自流井组和千佛崖组富有机质页岩的干酪根类型为 II_2—Ⅲ型，为浮游生物和陆地高等植物交叉混合的生烃母质。干酪根镜检分析结果显示，千佛崖组和自流井组干酪根主要由壳质组、镜质组组成，惰性组较少，未见腐泥组，干酪根同位素($\delta^{13}C_{PDB}$)分布在–27.6‰～–22.9‰，其干酪根类型整体以 II_2 型为主，少量Ⅲ型，但自流井组Ⅲ型干酪根所占比例相比千佛崖组有所增加。

3. 热演化程度

侏罗系泥页岩总体上处于成熟—过成熟阶段，R_o 值整体上具有由南向北逐渐增大的趋势。元坝地区自流井组东岳庙段富有机质泥页岩 R_o 值一般介于 1.56%～2.02%；向南阆中—梁平一带 R_o 值主要介于 1.3%～1.5%；在遂宁—南充—南部一带 R_o 值主要介于 1.0%～1.3%；在简阳—安岳—合川一带以南，R_o 值普遍小于 1.0%(图 2-2-5)。

元坝地区纵向上自流井组东岳庙段富有机质泥页岩 R_o 值一般介于 1.56%～2.02%；大安寨段 R_o 值一般在 1.70%左右，其中元陆 30 井 R_o 值达到 1.96%；千佛崖组 R_o 在 1.34%～1.56%，平均为 1.44%。

(四)储集空间及物性特征

1. 储集空间

涪陵梁平地区自流井组东岳庙段富有机质泥页岩中发育有机质孔、粒缘缝、溶蚀孔和黏土矿物层间缝等微观储集空间。镜下常见有机质孔的孔径为 20～100nm，粒缘缝和黏土矿物层间缝的宽度通常为 100～300nm，而溶蚀孔以方解石、石英颗粒为主要载体，较为少见。微裂缝和宏观裂缝在自流井组东岳庙段页岩储层中也常见。据氩离子抛光扫描电镜、微米 CT 等镜下观察，东岳庙段页岩以水平缝为主(图 2-2-6)。

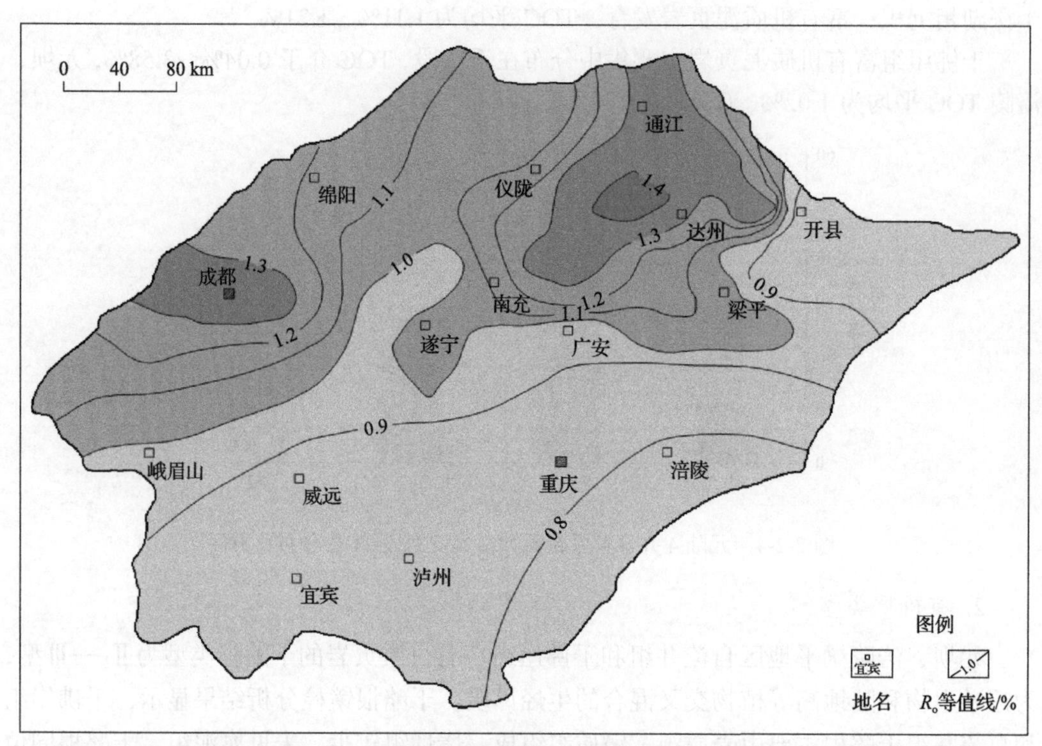

图 2-2-5 四川盆地侏罗系页岩成熟度等值线图

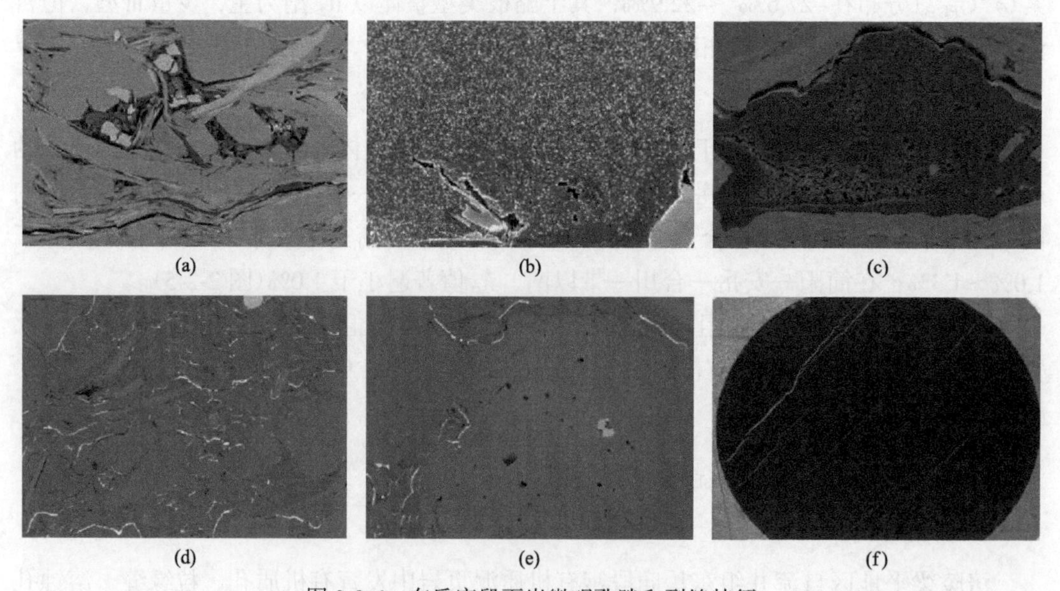

图 2-2-6 东岳庙段页岩微观孔隙和裂缝特征

(a)粒间孔隙充填沥青中的有机质孔；(b)沥青中的有机质孔；(c)有机质孔；(d)粒缘微缝隙、黏土矿物间孔隙；(e)方解石粒内溶蚀孔；(f)顺层分布的微裂隙

大安寨段泥页岩中存在大量微纳米级孔隙和裂缝。大安寨段泥页岩有机质孔同样发育，在氩离子抛光扫描电镜下呈近球形、椭球形、片麻状、凹坑状、弯月形和狭缝形等，孔隙直径一般为20～1000nm，大多为有机质成熟生烃形成的有机质孔。大安寨段泥页岩储层相比海相页岩具有较高的黏土矿物含量，其无机孔中黏土矿物间孔隙较为常见，另外还有黄铁矿晶间孔、粒缘孔及溶蚀孔。微裂缝在大安寨段页岩储层中也较为常见，以构造微裂缝为主，其次为黏土矿物成岩收缩缝、有机质收缩缝、介壳内微裂缝。微裂缝除了能够增大总孔隙体积外，熔炉合金实验证实微裂缝还可以沟通孔隙空间。结合岩心照片、氩离子抛光扫描电镜、微米 CT 等成果，微裂缝主要发育在泥岩、粉砂质泥岩中，粉砂岩、介壳灰岩微裂缝相对不发育。

千佛崖组泥页岩主要发育有机质孔、粒缘缝、溶蚀孔、黄铁矿晶间孔和黏土矿物层间缝等微观储集空间。其中，常见有机质孔的孔径为20～80nm，粒缘缝和黏土矿物层间缝的宽度通常为100～300nm，溶蚀孔以长石和方解石晶体为主要载体，黄铁矿晶间孔主要发育在莓状黄铁矿晶间。

2. 物性

从氦气法岩性物性分析数据来看，元坝地区自流井组东岳庙段泥页岩孔隙度为1.01%～6.76%，平均为 3.42%，渗透率一般为(0.0036～48.7136)$\times10^{-3}\mu m^2$，平均为$0.8438\times10^{-3}\mu m^2$；涪陵梁平地区孔隙度为1.23%～8.37%，平均为5.31%，渗透率一般为(0.004～16.052)$\times10^{-3}\mu m^2$，平均为 $0.4312\times10^{-3}\mu m^2$。元坝和涪陵地区相比，二者的渗透率基本相当，涪陵东岳庙段页岩孔隙度较低。

钻井揭示四川盆地大安寨段页岩储层孔隙度为低—中孔，孔隙度大多分布在 2%～8%，不同地区物性特征有所差异。其中元坝地区大安寨段泥页岩孔隙度为 1.58%～6.05%，平均为 4.23%；涪陵梁平地区略低于元坝地区，孔隙度为 1.03%～8.17%，平均为 3.57%(图 2-2-7)。

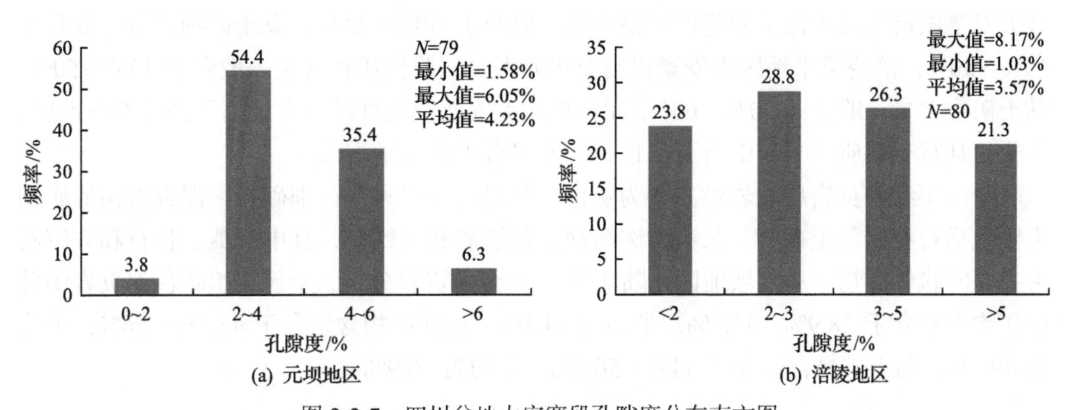

图 2-2-7 四川盆地大安寨段孔隙度分布直方图

千佛崖组泥页岩储层物性具有低—中孔、低渗的特征，孔隙度大多在 2.95%～4.15%，渗透率一般为(0.0403～55.415)$\times10^{-3}\mu m^2$。

(五)岩石矿物特征

自流井组东岳庙段页岩层段岩性为深灰色、灰黑色泥页岩夹灰色粉砂岩、介壳灰岩，局部地区夹煤层，泥页岩矿物成分以黏土矿物、石英为主，方解石次之，见少量长石、白云石及黄铁矿等碎屑矿物和自生矿物。元坝、涪陵地区X衍射分析表明，自流井组东岳庙段富有机质泥页岩脆性矿物含量一般介于40%～60%，黏土矿物含量一般介于40%～60%。泥页岩矿物组分地区差异明显。就黏土矿物含量而言，元坝地区东岳庙段泥页岩低于涪陵梁平地区，脆性矿物含量与黏土矿物含量的差异相反；另外，在脆性矿物组成方面，涪陵梁平地区东岳庙段泥页岩中石英+长石含量较低，方解石含量较高(图2-2-8)。这种差异与物源区和所处的沉积相带密不可分。

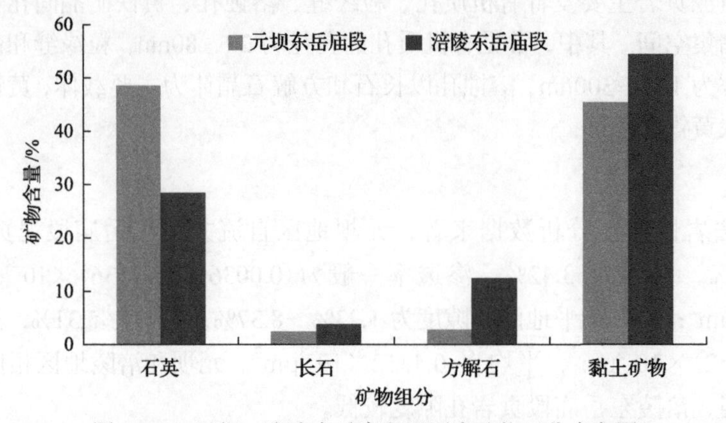

图2-2-8　元坝、涪陵东岳庙段泥页岩矿物组分直方图

大安寨段页岩层段岩性为深灰色页岩、灰黑色泥岩、页岩与灰色泥灰岩、介壳灰岩、粉砂岩不等厚互层。泥页岩矿物成分以黏土矿物、石英为主，方解石次之，见少量长石、白云石及黄铁矿等碎屑矿物和自生矿物，其中石英、方解石为主要的脆性矿物。元坝地区大安寨段富有机质泥页岩脆性矿物含量一般介于50%～60%，黏土矿物含量一般介于40%～50%；涪陵梁平地区大安寨段富有机质泥页岩脆性矿物含量一般介于40%～50%，黏土矿物含量一般介于50%～60%。元坝地区大安寨段脆性矿物含量高于涪陵梁平地区，主要是其富有机质泥页岩中石英、长石、方解石矿物含量均较高。

千佛崖组泥页岩层段岩性主要为灰色、灰黑色页岩夹灰色细砂岩，泥页岩构成矿物主要包括石英、黏土矿物、长石、碳酸盐、黄铁矿和赤铁矿，其中石英、长石和方解石为主要的脆性矿物。从元坝地区元陆4井的X衍射资料分析，千佛崖组暗色泥页岩中硅质矿物含量介于28.9%～41.2%，平均为34.3%，脆性矿物含量介于43.5%～56%，平均为49.1%，黏土矿物含量介于44%～56.5%，平均为50.9%。

(六)含气性特征

元坝、涪陵梁平地区钻井在自流井组东庙段和大安寨段、千佛崖组常见丰富的油气显示，分别在两个地区各选取10口钻井进行统计研究。

东岳庙段在元坝地区钻遇显示层 32m/12 层，梁平地区 144.61m/25 层。元陆 4 井现场测试含气量为 0.57～1.59m^3/t，梁平地区兴隆 101 井为 0.52～2.22m^3/t。元坝、梁平地区自流井组东庙段主要产天然气，元坝 9 井直井测试日产页岩气 1.1546 万 m^3，地层压力系数 1.96；梁平地区兴隆 3-侧 1 井直井测试日产页岩气 0.0857 万 m^3，地层压力系数超 1.48。

大安寨段元坝地区钻遇显示层 38m/12 层，涪陵梁平地区 87.62m/19 层。从现场含气量测试数据来看，元陆 4 井自流井组大安寨段页岩含气量为 0.5～1.98m^3/t，梁平地区兴隆 101 井为 0.9～2.29m^3/t。元坝地区自流井组大安寨段主要产天然气，地层压力系数一般为 1.58～2.09；涪陵梁平地区自流井组大安寨段产天然气和凝析油，地层压力系数介于 1.1～1.18。例如，元坝 11 井在大安寨段直井测试日产天然气 14.44 万 m^3，地层压力系数为 1.97；梁平地区兴隆 101 井直井测试日产气 11.011 万 m^3，日产油 54t，地层压力系数超 1.1。

千佛崖组油气显示丰富，主要集中在千二段，元坝地区千佛崖组钻遇显示层 60m/13 层，涪陵地区凉高山组钻遇显示层 58.59m/23 层。元坝地区元陆 4 井现场测试千佛崖组页岩含气量为 1.35～1.38m^3/t。元坝地区千佛崖组主要产凝析油，地层压力系数介于 1.76～2.06，其中，元页 HF-1 井在千佛崖组分段加砂压裂获日产油 14m^3、日产气 0.7 万 m^3，地层压力系数为 1.88。

第三节　重点页岩气田

一、涪陵页岩气田

(一) 概况

涪陵页岩气田位于四川盆地东南缘，构造位置处于川东高陡构造带焦石坝背斜，行政区划隶属于重庆市涪陵区，位于涪陵区块南部，勘查面积 7307.77km^2（图 2-3-1）。页岩气主力产层为上奥陶统五峰组—下志留统龙马溪组。涪陵页岩气田开发主要集中于涪陵区块南部焦石坝、江东和平桥三个产能建设区（图 2-3-2），另有白马、白涛和凤来三个评价区。焦石坝区块是目前涪陵页岩气田的主要产气区。2018 年产气 60 亿 m^3、2019 年产气 63.3 亿 m^3，2020 年产气 77.74 亿 m^3。截至 2020 年底，已提交探明储量 7926.41 亿 m^3，日产气近 2000 万 m^3，累计产气 396.13 亿 m^3。

(二) 勘探历程

涪陵页岩气田于 20 世纪 50 年代开展了地面石油调查等工作，至今油气勘探工作可分为四个重要阶段，即 1950～2009 年的常规天然气勘探阶段，2009～2012 年的选区评价、优选目标钻探阶段，以及 2012～2015 年的勘探突破、展开评价阶段和 2013 年至今的勘探开发一体化阶段。

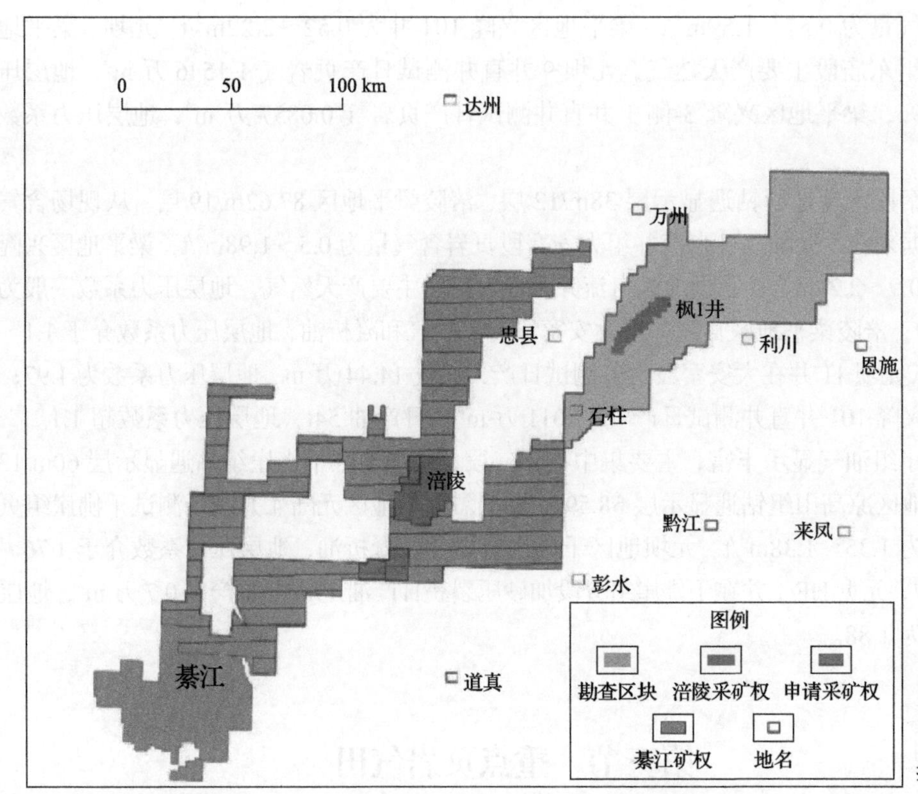

图 2-3-1　涪陵页岩气田矿权位置图

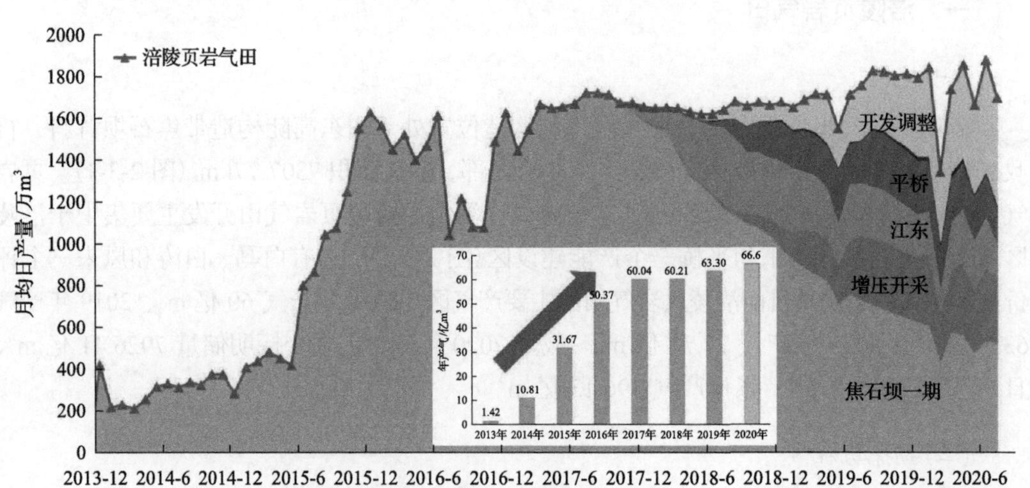

图 2-3-2　涪陵页岩气田 2013～2020 年产量图

1. 常规天然气勘探阶段

涪陵地区的地质调查及石油天然气勘探工作由来已久。20 世纪 50～90 年代，地质矿产部开展了石油普查和地质详查，实施二维地震共 14 条 417.51km、MT 测线 4 条 152.7km、CEMP 测线 14 条 470.7km，发现和落实了焦石坝、大耳山、轿子山等背斜构造。中石化自 2001 年在川东南涪陵、綦江、綦江南等区块从油气地质条件诸方面针对下组合油气勘探进行了区带评价，评价认为包鸾—焦石坝背斜带—石门坎背斜带是该区海相下组合油气勘探较有利的勘探区，但由于勘探潜力不明确，在此期间区块内基本无实物工作量投入。

2. 选区评价、优选目标钻探阶段

受美国页岩气快速发展和成功经验的影响，中石化正式启动了页岩气勘探评价工作，将发展非常规资源列为重大发展战略，加快了页岩油气勘探步伐。2009 年，中国石化勘探分公司以四川盆地及周缘为重点展开页岩气勘探选区评价，相继完成了四川盆地及周缘丁山 1 井等 40 余口老井复查、习水骑龙村等 25 条露头剖面资料研究，进行了大量分析测试。初步明确了该地区海相页岩气形成的基本地质条件，认识到相对于北美商业页岩气田，南方海相页岩气田具有多期构造运动叠加改造、热演化程度高、保存条件复杂、含气性差异大的特点，不能简单套用北美地区现成的理论和勘探技术方法，明确了在中国南方构造复杂地区加强页岩气保存条件评价十分必要。因此提出了南方复杂构造区高演化海相页岩气“二元”富集理论认识，即“深水陆架相优质页岩是海相页岩气富集的基础，良好的保存条件是海相页岩气富集高产的关键”，并建立了三大类、18 项评价参数的南方海相页岩气目标评价体系与标准，在此基础上，优选出了焦石坝、丁山、屏边等一批有利勘探目标。为了研究涪陵地区页岩气形成的基本地质条件并争取实现页岩气商业突破，中国石化勘探分公司于 2011 年 9 月在焦石坝区块论证部署了第一口海相页岩气参数井——焦页 1HF 井，2012 年 2 月 14 日焦页 1HF 井开钻，涪陵页岩气田非常规页岩气勘探从此拉开序幕。

3. 勘探突破、展开评价阶段

勘探突破阶段，焦页 1 井为焦页 1HF 井导眼井，该井于 2012 年 5 月 18 日完钻，完钻井深 2450m，完钻层位为中奥陶统十字铺组。该井钻遇五峰组—龙马溪组页岩气层 89m，其中，TOC≥2.0%的优质页岩气层 38m。焦页 1 井完钻后决定不开展直井压裂测试，直接实施水平井钻探，评价产能。选择焦页 1 井 2395～2415m 优质页岩气层作为侧钻水平井水平段靶窗，实施侧钻水平井——焦页 1HF 井，2012 年 9 月 16 日水平井完钻，完钻井深 3653.99m，水平段长 1007.90m。同年 11 月，对焦页 1HF 井水平段 2646.09～3653.99m 分 15 段进行大型水力压裂，2012 年 11 月 28 日，测试获日产 20.3 万 m^3 工业气流，从而宣告了涪陵页岩气田的发现。展开评价阶段，焦页 1HF 井获得商业发现后，在焦页 1HF 井南部甩开部署焦页 2 井、焦页 3 井、焦页 4 井三口评价井，压裂测试分别试获日产 33.69 万 m^3、11.55 万 m^3、25.83 万 m^3 中高产工业气流，实现了焦石坝构造主体控制。与此同时，在焦石坝构造有利勘探区（埋深小于 3500m）整体部署 594.50km^2 三维地震，为涪陵页岩气田一期建产奠定扎实的资料基础。继焦石坝主体控制后，2014 年针对不同构造样式和深层页岩气积极向外围甩开部署实施了五口探井——焦页5井、焦页6井、焦页7井、焦页8井、焦页9井，其中焦页5井、焦页6井、焦页7井、焦页8井分别试获日产4.5万m^3、6.68万m^3、3.68万m^3、20.8万m^3页岩气流，扩大了涪陵页岩气田的勘探开发阵地。

4. 勘探开发一体化阶段

在焦页1HF井获得商业发现的基础上，为加快涪陵页岩气田“增储上产”步伐，2013年初在焦页2井、焦页3井、焦页4井钻探的同时，为探索气田开发方式、评价气藏开发技术指标，优选焦页1井区28.7km^2部署开发试验井组进行产能评价，部署钻井平台10个，钻井26口，新建产能5亿m^3/a。2013年9月3日，国家能源局批准设立重庆涪陵国家级页岩气示范区。2013年11月28日，中石化通过涪陵页岩气田一期50亿m^3产能建设方案。2014年4月21日，国土资源部批准设立重庆涪陵页岩气勘查开发示范基地。2018年，涪陵页岩气田产量达到65.64亿m^3。

(三)基本地质特征

1. 页岩有机地球化学特征

对焦石坝地区焦页1井、焦页11-4井、焦页2井、焦页3井、焦页4井、焦页41-5井、焦页5井在五峰组—龙一段总共测试597个样品，其中，页岩气层段共524个样品的TOC测定结果表明，TOC主要分布在0.29%～6.79%，平均为2.66%(表2-3-1)，其中TOC≥1.0%的样品频率高，达到总样品数的97.3%，总体反映区内主要为中—特高有机碳含量，这为形成有利的页岩气藏提供了良好的物质基础。

表2-3-1　焦石坝地区钻井五峰组—龙一段页岩气层段TOC统计表

井号	样品数/个	最小值/%	最大值/%	平均值/%
焦页1井	158	0.91	5.89	2.67
焦页11-4井	78	0.47	5.65	2.27
焦页2井	77	1.01	5.25	2.94
焦页3井	26	1.26	4.53	2.50
焦页4井	59	0.58	6.79	2.95
焦页41-5井	84	0.29	5.27	2.33
焦页5井	42	0.29	5.53	3.18

在五峰组—龙一段页岩气层段中，五峰组—龙一1亚段TOC最高，其次为龙一3亚段，最低为龙一2亚段。以焦页1井为例，普遍TOC≥2.0%，最高可达5.89%，平均为3.56%，评价为高—特高有机碳含量。

焦石坝五峰组—龙一段有机质显微组分测定显示，显微组分中腐泥组含量最高，含量在92.0%～100%(腐泥无定形体36.0%～71.21%，藻类体28.79%～58.0%)，未见壳质组、镜质组和惰质组。在显微镜下，腐泥组多以藻类体和棉絮状腐泥无定形体为主，见少量的动物碎屑，对其源岩干酪根类型进行划分表明，龙马溪组烃源岩有机质类型主要为Ⅰ型，其有机质母源主要为藻类等低等水生生物，生烃能力较好。

焦页1井、焦页2井、焦页4井、焦页5井五峰组—龙一段共测定了25块样品的沥青质反射率，测点数超过10个的样品共14块，经换算 R_o 分别为2.22%～2.89%，平均为2.55%，表明五峰组—龙一段页岩进入过成熟演化阶段，以生成干气为主。

2. 页岩储集特征

焦石坝孔隙类型主要有以下几种：①有机质孔；②黏土矿物间孔；③晶间孔；④次生溶蚀孔；⑤微裂缝。焦石坝地区五峰组—龙一段岩心孔隙度分布在0.52%～7.30%，平均为3.15%，孔隙度总体表现为低—中孔的特点。

3. 页岩气保存条件

1)区域盖层发育

焦石坝上覆地层包含了三叠系—龙三段，地层厚度达到了2200m；而焦石坝五峰组—龙一段其上沉积的小河坝组—韩家店组深灰色、灰色、灰绿色泥岩、粉砂质泥岩、泥质粉砂岩，其分布面积较为广泛，且累积厚度大，厚度一般在600～800m，反映了该套区域盖层封闭能力稳定和封盖面积大，对焦石坝五峰组—龙一段页岩层系保持稳定的温度和压力场具有重要作用，是一套良好的区域盖层。

2)顶底板条件

五峰组—龙马溪组页岩气层顶底板与页岩气层位连续沉积，顶底板岩性致密、厚度大、展布稳定、突破压力高、封隔性好。其中顶板为龙二段发育的灰色—深灰色中—厚层粉砂岩、泥质粉砂岩夹薄层粉砂质泥岩，孔隙度平均为2.4%，渗透率平均为 $0.0016\times10^{-3}\mu m^2$，地层突破压力为69.8～71.2MPa。底板为临湘组和宝塔组连续沉积的灰色瘤状灰岩、泥灰岩等，孔隙度平均为1.58%，渗透率平均为 $0.0017\times10^{-3}\mu m^2$，地层突破压力为64.5～70.4MPa；以上特征显示，顶底板都属于低孔低渗致密地层，在页岩气形成和后期构造过程中对页岩气层都具有很好的封隔作用。

3)断裂特征

焦石坝地区埋深适中，多大于2000m，焦石坝似箱状断背斜主体出露地层主要为侏罗系—三叠系，页岩气层五峰组—龙马溪组在焦石坝地区没有出露，页岩气层在侧向上无明显的泄压区。断层对保存条件有一定的影响，但部分靠近断层的页岩气井仍能达到中产页岩气流。焦石坝主体区断层不发育，页岩气井产量高，钻井液多未漏失，地层压力系数高。在两组较大断裂附近钻井过程中钻井液漏失量较大，出现目的层压力系数降低的现象，页岩气产量有所降低。

(四)气藏特征

1. 气藏要素分析

以石门—金坪断层为界，可将焦石坝分为东、西两带，西带构造变形弱，焦石坝、平桥—东胜属于高压目标区；东带构造变形强，白马、南天湖为常压目标区(图2-3-3)。

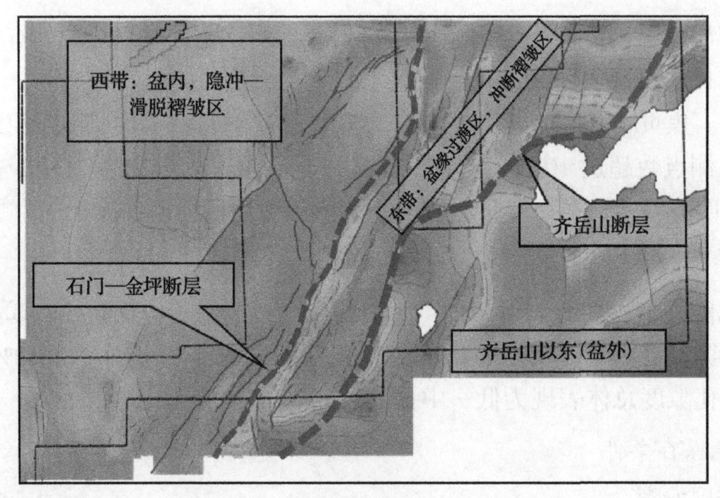

图 2-3-3　涪陵页岩气田断裂分布图

焦石坝构造压力系数、孔隙度和含气量明显受周边的控边断裂控制，实钻揭示吊水岩断裂对保存条件没有明显的影响，周边开发井压力系数普遍在 1.45 以上，石门断裂和大耳山断裂影响宽度较小，在断裂上盘、距断层 1km 以内普遍为常压；1km 以上则普遍为超压，孔隙度和含气量普遍在 4%及 $5m^3/t$ 以上(图 2-3-4)，而西南部的乌江断裂由于具有明显的走滑性质，距离该断裂一般 2～3km 以上才具有超压特征。

焦石坝构造为盆内、构造主体远离控盆断裂、四周为断向斜环绕的似箱状断背斜，受北东向和近南北向两组断裂控制，主体变形较弱，地层倾角小、断层不发育，两翼陡倾、断层发育。由于页岩气层总体埋深适中(2300～2800m)，周边无页岩气层出露，加之背斜宽缓，页岩气层顶底板、页岩气层内部高角度缝不发育，页岩气主要通过控制焦石坝构造的二级断裂发生一定程度的逸散，但由于控边断裂总体具有较好的封闭性，在远离断裂 1～3km 以上的页岩气层含气性较好，压力系数高、产量高，为“控边断裂垂向逸散为主、横向逸散微弱、主体稳定区富集”的盆内“断背斜富集型”成藏模式，控制页岩气逸散的关键因素为断层的封闭性、埋深及背斜宽缓程度(图 2-3-5)。

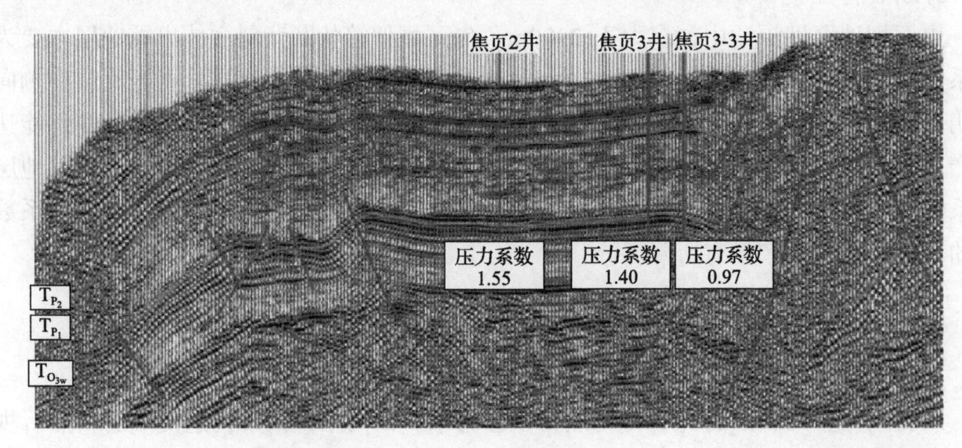

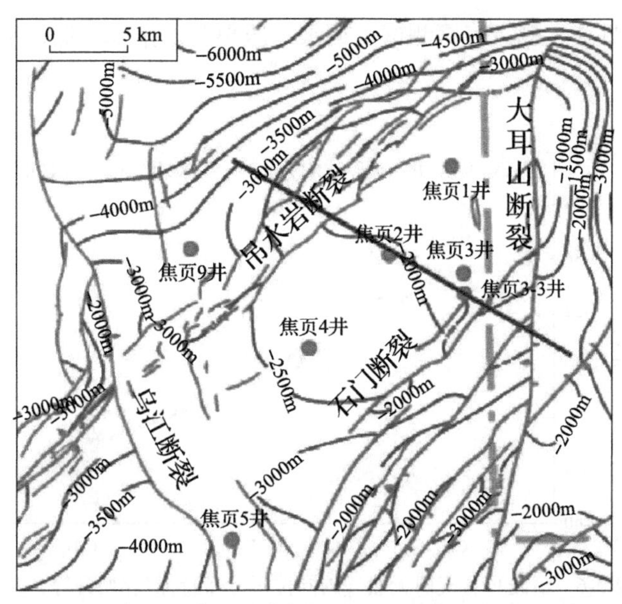

图 2-3-4 焦石坝地区构造过典型钻井剖面及压力系数分布特征（魏祥峰等，2020）

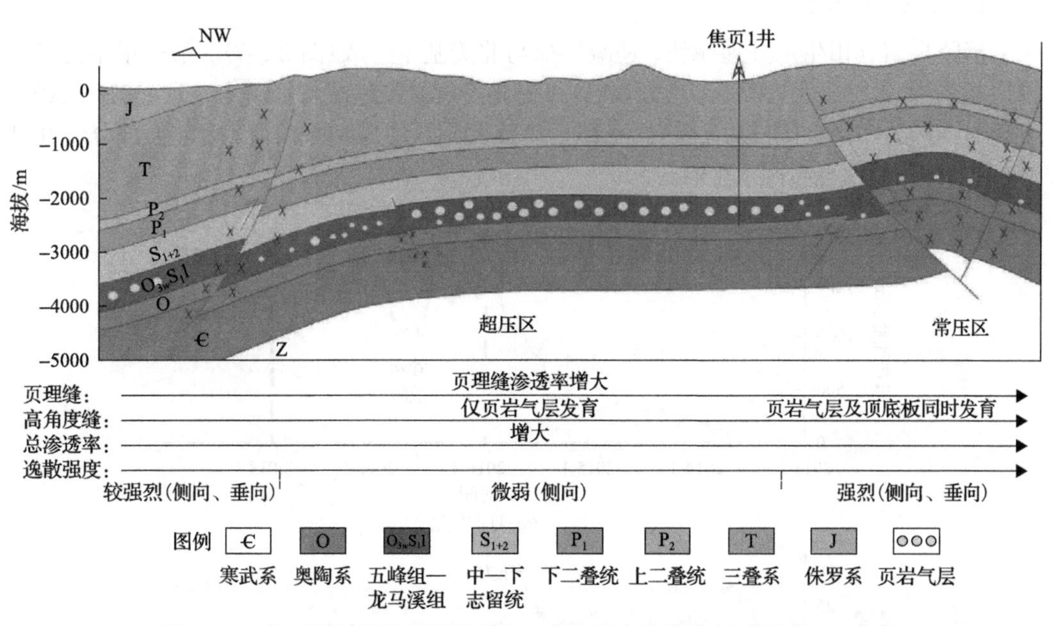

图 2-3-5 焦石坝似箱状断背斜页岩气保存与富集模式（魏祥峰等，2020）

涪陵地区五峰组—龙一段气藏为典型的自生自储式的连续型、中深层、低地温梯度、高压气藏（郭旭升等，2016）。气源分析表明，焦石坝地区五峰组—龙马溪组页岩气来源于自身泥页岩烃源岩，具有源储一体的特征。气藏单元中部埋深为 2885m，平均地温梯度为 2.83℃/100m，地层压力系数为 1.55，气体成分以甲烷为主，含量为 96.10%～98.81%，低含二氧化碳，含量为 0～0.56%；不含硫化氢，为优质干气气藏。涪陵页岩气田天然气甲烷、乙烷与丙烷的碳同位素分布具有明显的“倒转”特征，即 $\delta^{13}C_{CH_4}>\delta^{13}C_{C_2H_6}>\delta^{13}C_{C_3H_8}$，主要为高温裂解气(图 2-3-6)。气藏测试未见水，压裂井返排率很低，平均为 2.9%，返排液为压裂措施液。

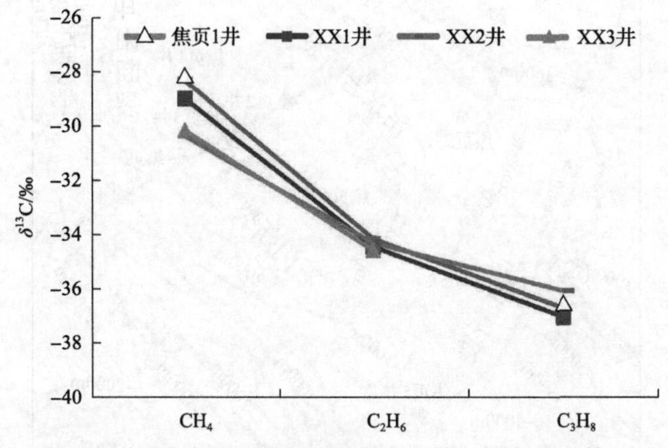

图 2-3-6　涪陵页岩气田天然气碳同位素分布特征(郭旭升等，2016)

2. 气藏产能分析

涪陵页岩气田生产井递减快，递减特征与北美基本一致(图 2-3-7)。第一年年初对年末递减率为 58.5%～66.8%，平均为 60.4%，与北美页岩气递减特征基本一致(50%～80%，平均为 70%)。涪陵页岩气井生产包括稳产降压和定压递减两个阶段，目前大部分气井已经进入定压递减阶段(图 2-3-8)。

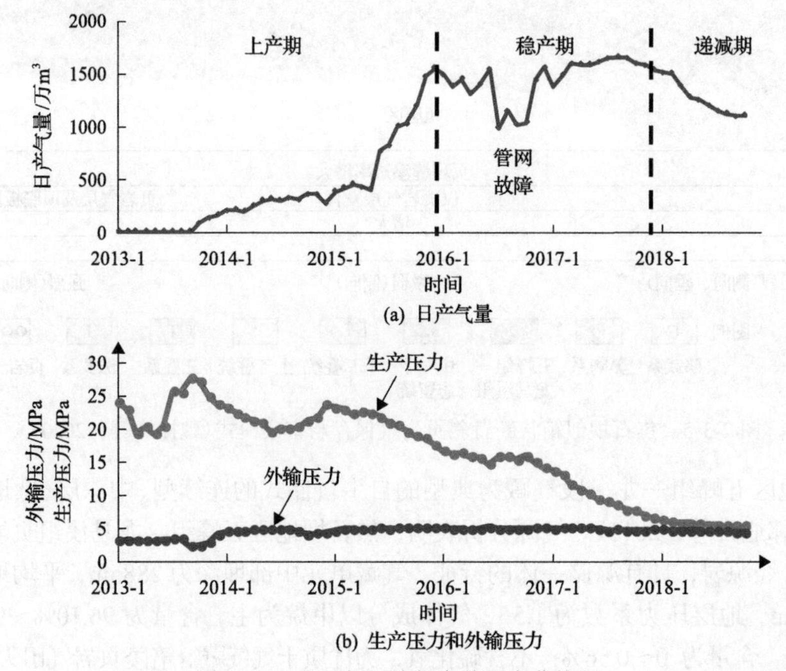

图 2-3-7　焦石坝区块投产井开发曲线图

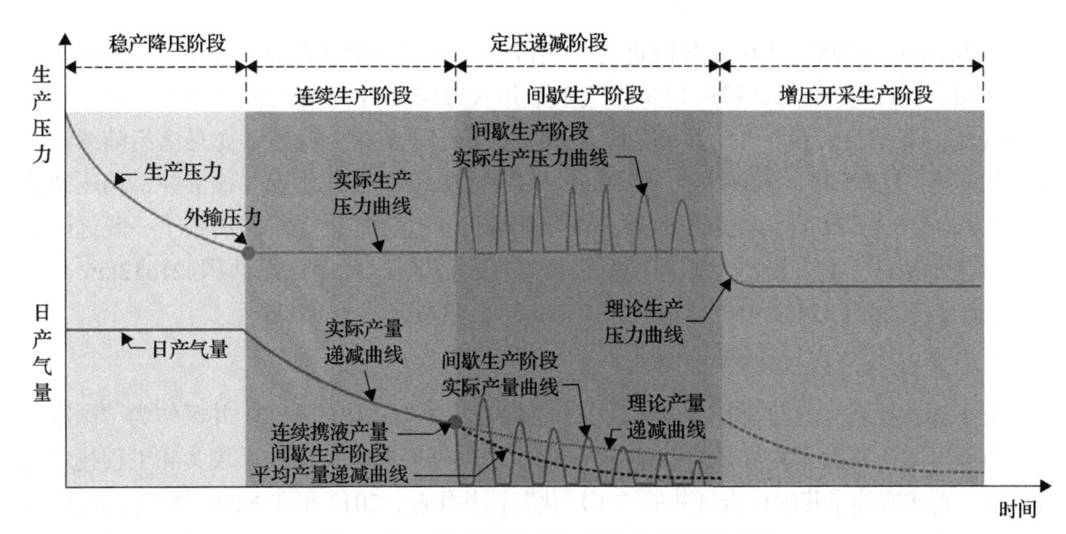

图 2-3-8 涪陵页岩气田气井生产模型示意图

二、长宁页岩气田

(一) 概况

长宁页岩气田位于四川省宜宾市，属丘陵山地自然地貌，以低山为主，间有丘陵槽坝，海拔在 400～1300m。构造位置位于四川盆地南缘的娄山褶皱带长宁构造南翼。截至 2020 年底，长宁页岩气田累计提交页岩气探明地质储量 4446.84 亿 m^3，累计完钻井 474 口，水平井测试日产量最高 73.58 万 m^3，平均 23.09 万 m^3。2020 年长宁页岩气田产量为 55.98 亿 m^3。

(二) 勘探历程

长宁页岩气田五峰组—龙马溪组页岩气藏发现井为 N201 井。该井位于长宁背斜构造中奥陶统顶上罗场鼻突东翼，钻探目的为获取志留系龙马溪组黑色页岩的地球化学、岩石矿物组分、物性与含气性特征，同时评价储层发育情况。该井于 2010 年 5 月 31 日开钻，2010 年 8 月 17 日完钻，完钻井深 2560m，完钻层位奥陶系宝塔组；之后对该井 2424～2436m、2495～2516m 进行压裂改造，两层分别获测试产量 0.72 万 m^3/d 和 1 万 m^3/d。N201 井的成功获气，证实了长宁地区下古生界志留系龙马溪组页岩具有良好的含气性，从而拉开了长宁地区页岩气勘探开发的序幕。

长宁页岩气田的地质调查工作始于 20 世纪 50 年代，其中页岩气勘探开发自 2007 年开始，主要历经了四个阶段(马新华和谢军，2018；何骁等，2021a)。

1. 评层选区阶段(2007～2012 年)

2007 年，中石油开始在四川盆地周边部署页岩气浅井，获取了大量岩心分析数据，为页岩气勘探开发奠定了基础。2009 年按照“落实资源、评价产能、攻克技术、效益开发”的方针，首先开展有利区带优选。2010 年 8 月第一口页岩气井 N201 井完钻，之后对该井

2424～2436m、2495～2516m 井段进行压裂改造，两层分别获测试产量 0.72 万 m^3/d 和 1 万 m^3/d。2011 年 12 月，第一口页岩气水平井 N201-H1 井完钻，2012 年 4 月测试获得高产气流，测试获天然气 15 万 m^3/d。此外，在长宁示范区五峰组—龙马溪组陆续实施了 N203 井、N208 井、N209 井、N210 井、N211 井、N212 井等直井评价井，均压裂获气。2012 年 3 月 21 日，国家发改委、国家能源局正式批准设立“四川长宁—威远国家级页岩气示范区”和“滇黔北昭通国家级页岩气示范区”，示范区总面积 21612km^2。其中，长宁页岩气田 4230km^2，威远区块 2304km^2，昭通区块 15078km^2。

2. 先导试验阶段(2013～2014 年)

为了加快页岩气的勘探开发步伐，中石油将长宁页岩气田的 N201 井区作为“国家页岩气有效开采工程技术先导试验基地”，开展页岩气勘探开发关键技术攻关和工程技术先导试验，首次实施了我国页岩气井的“工厂化”钻井作业，2013 年在 N201 井区长宁 H2 和长宁 H3 平台首次实施了多口页岩气井的“拉链式”和“同步式”压裂作业先导试验，均获得成功，其中长宁 H2-2 井获得了 21 万 m^3/d 的工业气流。同时，通过对先导试验井综合分析，优选出 N201 井区作为长宁页岩气田的首批核心建产区，确定了开发主体技术工艺。

3. 产能建设阶段(2014～2016 年)

在 N201 井区先导试验成果的基础上，利用前期评价成果，中石油组织编写了页岩气开发方案，并于 2014 年 2 月批复通过。在方案的实施过程中，加强了页岩气有效开采技术攻关和工程技术先导试验，有效提高了页岩气井单井产量，高产井日产量达 43.3 万 m^3(H13-5 井)，取得了显著成效，有效地支撑了页岩气规模效益开发。

4. 工业化开采阶段(2017 年至今)

在示范区建设取得良好效果的基础上，为进一步加快、优化长宁页岩气田开发，实现长宁页岩气规模上产和长期稳产，于 2016 年 12 月 5 日正式启动了《长宁页岩气田年产 50 亿立方米开发方案》编制工作，并在 2017 年 8 月通过中石油批复，方案设计至 2020 年实现年产气量 50 亿 m^3。

经过 9 年的技术攻关和现场试验，形成了页岩气勘探开发六大主体技术，包括地质综合评价技术、页岩气开发优化技术、水平井优快钻井技术、水平井体积压裂技术、水平井组工厂化作业技术和页岩气高效清洁开采技术；建立了页岩气地质工程一体化高产井培育方法，包括地质工程一体化建模、地质工程一体化设计和地质工程一体化管理。正实施的长宁页岩气田 N201 井区、N209 井区、N216 井区 50 亿 m^3/a 开发方案，实现了水平井优快钻井，形成了“井位部署平台化、钻井压裂工厂化、采输设备撬装化、工程服务市场化、组织管理一体化”的页岩气高效勘探开发“五化”模式，促进了技术进步，实现了降本增效。

(三)基本地质特征

长宁页岩气田五峰组—龙一段页岩气层总厚度 56.5～77.1m，总体具有较高 TOC、高脆性矿物含量、较高孔隙度和高含气量的特点(图 2-3-9)(马新华等，2020；黄金亮等，

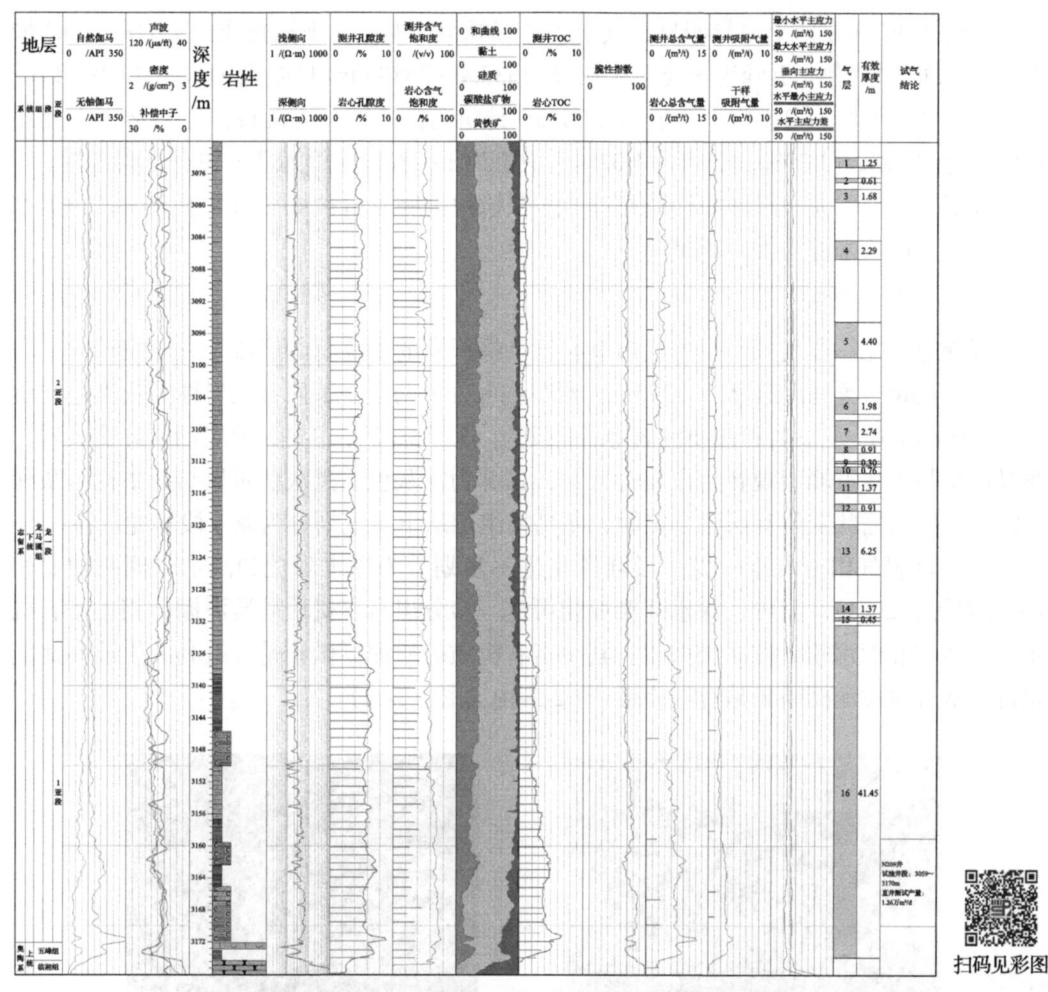

扫码见彩图

图 2-3-9 长宁页岩气田典型井页岩气层综合评价图

$1ft=3.048\times10^{-1}m$

2012）。测井解释的 TOC 为 2.0%～2.6%，平均为 2.2%，主要为中高—特高有机碳含量。脆性矿物含量为 62.2%～73.8%，平均为 68.4%，主要为高脆性矿物含量。储集空间以纳米级有机质孔、黏土矿物间微孔为主，并发育晶间孔、次生溶蚀孔等，孔径主要为中孔，孔隙度为 3.3%～5.6%，平均为 4.6%，总含气量为 2.8～5.6m^3/t，平均为 4.3m^3/t。区内 13 口取心井有效厚度平均为 65.6m，其中Ⅰ类储层厚度平均为 15.2m，占比 23.2%，Ⅱ类储层厚度平均为 15.4m，占比 23.5%，Ⅲ类储层厚度平均为 35.0m，占比 53.3%。平面上，储层总厚度整体由西往东、由南往北增厚，单井厚度为 52.0～77.1m。

1. 页岩有机地球化学特征

长宁页岩气田 N216—N209 井区五峰组—龙一段 TOC 介于 0.95%～7.99%，平均为 2.32%，中值为 2.20%，总体反映区内主要为中—高有机碳含量，这为形成有利的页岩气藏提供了良好的物质基础。

页岩 TOC 在纵向上差异明显，其中底部五峰组—龙一 1 亚段优质泥页岩段 TOC 最高，以 N213 井为例，五峰组—龙一 1 亚段（2535.4～2583.6m）TOC 普遍大于 1.0%，最高可达 5.22%，平均为 2.89%，中值为 2.99%，评价为高—特高有机碳含量。龙一 2 亚段 TOC 介于 0.18%～1.39%，平均为 1.02%，中值为 1.03%，评价为低—中有机碳含量。

长宁页岩气田龙一段岩心样品通过干酪根镜检，腐泥组含量平均大于 80%，为Ⅰ型干酪根，其母质来源主要为菌藻类。

2. 页岩储层特征

五峰组—龙一段为长宁页岩气田页岩气勘探开发的主要目的层段。五峰组较薄，一般厚 0～4.5m，龙马溪组厚 0～373m。五峰组可分为两段，下段常见岩性为灰黑色硅质页岩、泥质硅岩、泥页岩和灰质泥岩等；上段为“观音桥段”，主要为薄层钙质硅质页岩。龙马溪组与下伏五峰组观音桥段整合接触，顶部为深灰色、黑灰色页岩与石牛栏组灰绿色泥岩、薄层瘤状灰岩互层整合接触，龙马溪组可从下至上划分为龙一段和龙二段。

长宁页岩气田五峰组—龙一段陆棚相进一步划分为深水陆棚和浅水陆棚两种亚相（朱逸青等，2021）。其中，深水陆棚亚相可进一步分出富有机质硅质泥棚微相、富有机质泥棚微相和深水粉砂质泥棚微相。其中富有机质硅质泥棚微相是最有利的生油和储集相带；富有机质泥棚微相是有利相带（图 2-3-10、图 2-3-11）。

(a) N209井，2365.50~3165.65m，黑色碳质页岩

(b) N216井，2321.0m，放射虫生物硅质页岩(–)

图 2-3-10　富有机质硅质泥棚微相标志

(a) N216井，2326.22m，黑色泥岩，黄铁矿条带

(b) N209井，3164.79m，黑色泥岩，黄铁矿结核

(c) N209井，3158.97~3159.03m，直笔石　(d) N216井，2308.2m，粉砂质泥岩(+)

(e) N216井，2324.0m，硅质骨针(−)　(f) N216井，2316.7m，扫描电镜下见圆形、椭球形莓状黄铁矿

图 2-3-11　富有机质泥棚微相标志

N216—N209 井区五峰组—龙一段矿物成分主要为石英、长石、方解石、白云石、黄铁矿和黏土矿物等，其中黏土矿物主要为伊利石、伊蒙混层和绿泥石。页岩气层段脆性矿物含量为 32.4%～92.8%，平均为 67.3%，中值为 66.8%；硅质含量为 14.7%～81.6%，平均为 52.0%，中值为 51.6%；钙质含量为 1.8%～62.8%，平均为 15.3%，中值为 12.5%；黏土矿物含量为 4.6%～58.1%，平均为 30.5%，中值为 31.0%。脆性矿物含量和硅质含量总体上具有自上而下逐渐增高特征，底部矿物含量最高。以 N216 井为例，脆性矿物含量在龙一 2 亚段为 34.6%～72.8%，平均为 62.5%，在龙一 1 亚段为 52.0%～92.8%，平均为 72.0%，在五峰组为 73.0%～86.2%，平均为 79.5%。黏土矿物含量总体较低，纵向上的变化特征与脆性矿物含量有“镜像”的特征，具有从上至下逐渐减小的特点。N216 井黏土矿物含量在龙一 2 亚段为 25.5%～58.7%，平均为 36.5%，在龙一 1 亚段为 4.6%～40.1%，平均为 25.0%，在五峰组为 11.8%～27.0%，平均为 20.0%。平面上，N216—N209 井区脆性矿物含量总体往东北方向增高，位于东侧的 N215 井脆性矿物含量为 51.7%～89.0%，中值为 73.9%；N224 井脆性矿物含量为 57.2%～86.3%，中值为 73.4%。

长宁页岩气田五峰组—龙马溪组页岩储集空间主要发育有机孔、有机缝、无机孔和无机缝四种基本孔隙类型(图 2-3-12～图 2-3-15)。

典型井分析表明，N216 井龙马溪组底部总面孔率比 N203 井的略好，其中有机孔发育程度相当，约 1.1%，占总孔隙的 60%。从单井纵向面孔率对比分析，龙一 1 亚段底部最大，其次是中上部较大，中部和顶部则较小。有机孔孔径以 100nm～1μm 宏孔为主，无机孔孔径比 N203 井更大，以 300～600nm 为主。通过对有机质进行聚焦离子束扫描电镜切片扫描，针对所得二次电子图像进行三维重构，并分别提取有机质和有机孔三维图像，可见有机孔孔隙网络发育，有机质内孔隙度为 33.8%，连通性好。

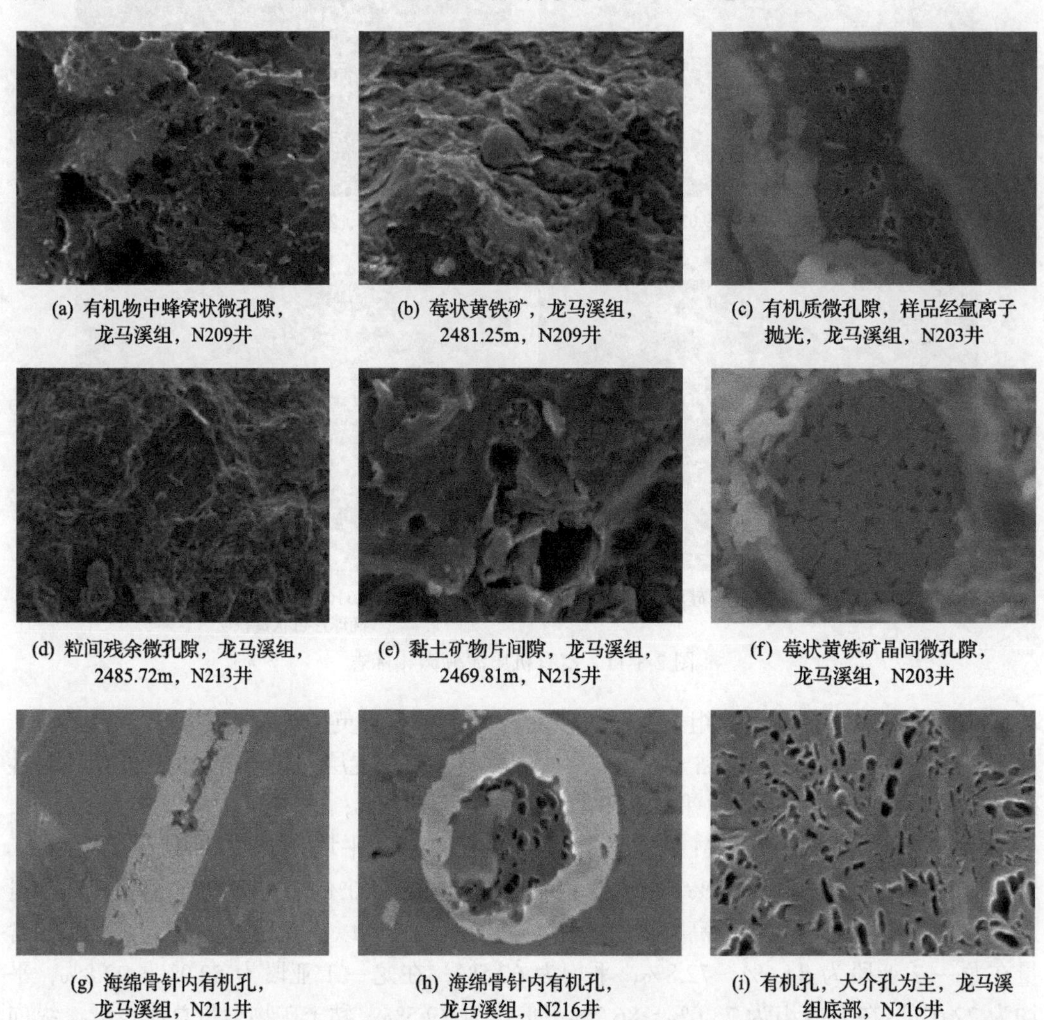

(a) 有机物中蜂窝状微孔隙，龙马溪组，N209井

(b) 莓状黄铁矿，龙马溪组，2481.25m，N209井

(c) 有机质微孔隙，样品经氩离子抛光，龙马溪组，N203井

(d) 粒间残余微孔隙，龙马溪组，2485.72m，N213井

(e) 黏土矿物片间隙，龙马溪组，2469.81m，N215井

(f) 莓状黄铁矿晶间微孔隙，龙马溪组，N203井

(g) 海绵骨针内有机孔，龙马溪组，N211井

(h) 海绵骨针内有机孔，龙马溪组，N216井

(i) 有机孔，大介孔为主，龙马溪组底部，N216井

图 2-3-12　长宁页岩气田孔隙类型扫描电镜照片

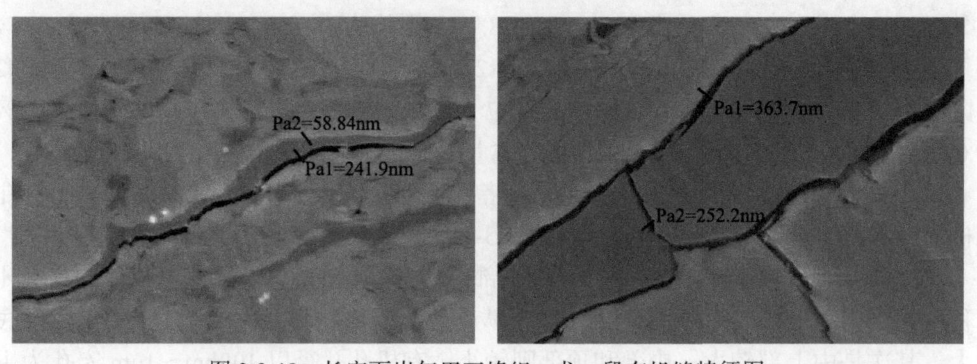

图 2-3-13　长宁页岩气田五峰组—龙一段有机缝特征图

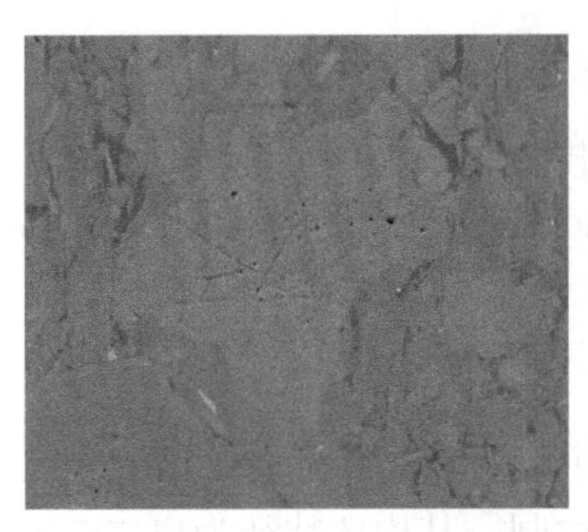
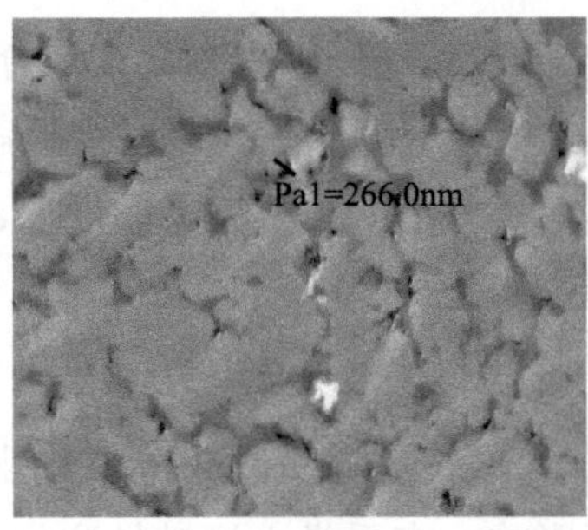

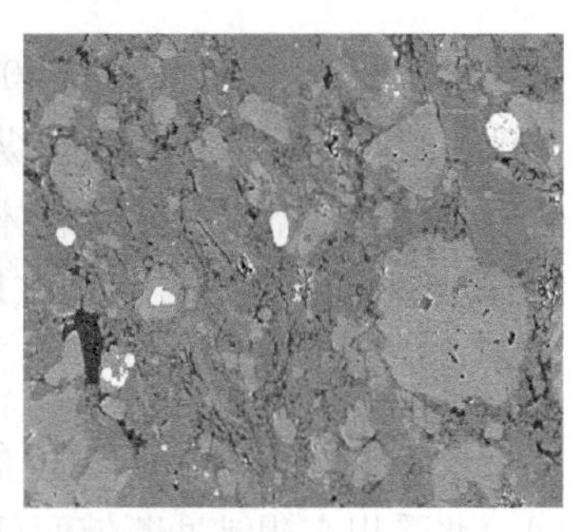

图 2-3-14 长宁页岩气田五峰组—龙一段无机孔特征图

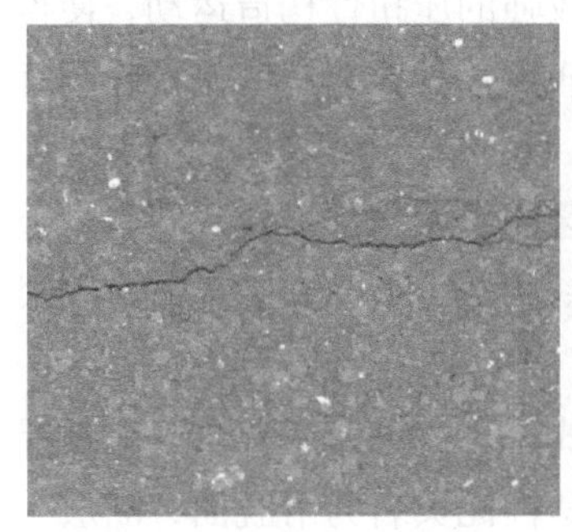
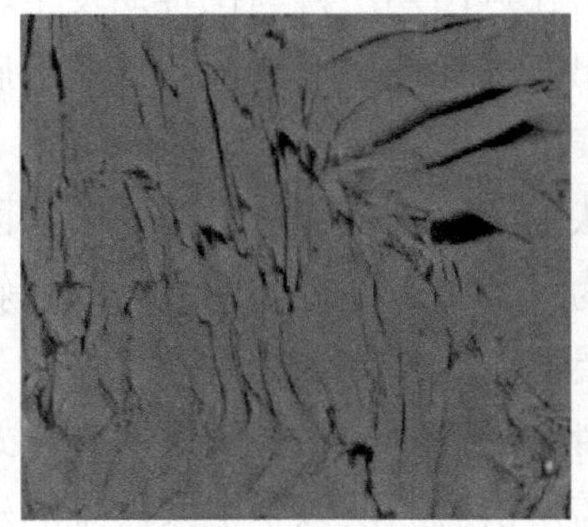
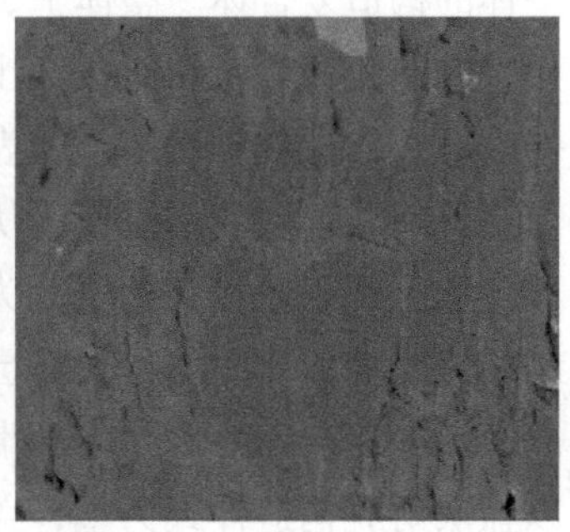

图 2-3-15 长宁页岩气田五峰组—龙一段无机缝特征图

长宁页岩气田五峰组—龙马溪组页岩气层总体表现出低孔—中孔、特低渗—低渗特征。样品分析表明，N216—N209 井区页岩孔隙度分布在 2.03%～7.78%，平均为 4.58%，中值为 4.67%；其中孔隙度 2%～5%的占比 61.48%，孔隙度 5%～10%的占比 36.96%。N213 井等 4 口井 87 个岩心样品的渗透率分布在 1.95×10^{-5}～9.08×10^{-1}mD[①]，平均为 3.14×10^{-3}mD，中值为 2.14×10^{-3}mD，其中渗透率 1×10^{-5}～1×10^{-3}mD 的占 33.3%，大于 1×10^{-3}mD 的占 66.7%。单井分析表明，N216—N209 井区单井平均孔隙度为 3.12%～5.68%，渗透率为 2.40×10^{-4}～2.49×10^{-3}mD；H18-6 井块单井平均孔隙度为 4.44%，渗透率为 9.98×10^{-3}mD。

龙马溪组三轴抗压强度分布范围为 242.35～569.64MPa，平均为 355.92MPa；杨氏模量分布范围为 2.85×10^4～5.33×10^4MPa，平均为 3.99×10^4MPa；泊松比分布范围为 0.18～0.31，平均为 0.25。岩石力学参数变化范围较大，总体显示较高的杨氏模量和较低的泊松比特征(吴建发等，2021)。地应力方向对于水平井井轨迹的方位选择有着至关重要的影响。对 N209H16-5 井、N213 井、N215 井、N216 井、N217 井开展了 11 套次的地应力方向实验，认为长宁页岩气田地应力方向为近东西向。三向主应力分布规律为 $\sigma_H>\sigma_v>\sigma_h$；最小水平主应力 σ_h 为 74～77MPa，最大水平主应力 σ_H 为 87～92MPa，垂向主应力 σ_v 为 81～82MPa，主应力差为 10～16MPa。

N216—N209 井区页岩现场解吸总含气量分布在 0.41～11.82m^3/t，平均为 3.05m^3/t，中

① 1D≈1.0194×10^{-8}cm^2。

值为 2.32m^3/t；页岩气层段 405 个样品现场解吸总含气量分布在 1.01～11.82m^3/t，平均为 3.18m^3/t，中值为 2.50m^3/t。纵向上，五峰组—龙一段现场解吸总含气量特征与 TOC、孔隙度变化趋势基本一致，总体上具有由上往下增大的规律，龙一 1 亚段最高(赵圣贤等，2016)；平面上具有由西往东增大的特征。

3. 页岩气保存条件

长宁主体背斜位于四川盆地与云贵高原结合部，川南低陡构造带与娄山褶皱带之间，北受川东褶皱冲断带西延影响，南受娄山褶皱带演化控制，其构造特征为集二者于一体的构造复合体。整体上，在燕山期—喜马拉雅期发生较强的压扭性构造运动，使得长宁构造隆升为背斜，核部出露最老地层为下寒武统龙王庙组。长宁建产区位于长宁背斜南翼，构造相对稳定，地表出露下三叠统—中侏罗统。

目前建产区位于筠连潜伏构造与长宁构造之间的向斜区内，东南部为建武向斜。上奥陶统五峰组底界构造表现为一个中东部低、四周高的向斜构造，但受地震工区范围限制未能闭合形成圈闭，大断层不发育，构造较简单。

区内构造以寒武系内部滑脱层为界，主要发育两种样式：①中上寒武统及以上地层以盖层滑脱构造样式为主，盖层滑脱断层以中上寒武统的塑性泥页岩为滑脱面，断层一般不穿过中间的不整合面，中上寒武统以上断裂不发育，构造为简单向斜斜坡；②中下寒武统及以下地层以基底卷入构造为主，基底卷入断层一般不向上穿过中间的不整合面。

(四)气藏特征

1. 气藏要素分析

根据地层埋深与地层压力、地层温度的相关性分析成果，长宁页岩气田气藏埋深介于 2400～3700m，推算出气藏地层压力介于 35.99～80.84MPa；气藏地层温度介于 87.29～130.58℃，地温梯度为 2.8℃/100m(按地表温度 20℃)。

气体组分分析结果表明，页岩气烃类组成以甲烷为主，未检测出丁烷及更重烃类组分。甲烷含量在 98.69%～99.21%，平均为 98.89%，重烃含量低。其中，乙烷含量为 0.31%～0.52%，平均为 0.40%；氮气含量为 0.01%～0.35%，平均为 0.27%；二氧化碳含量为 0.25%～0.60%，平均为 0.40%；氦气含量为 0.02%～0.05%，平均为 0.03%，不含硫化氢。

2. 气藏产能分析

截至 2019 年 8 月 31 日，长宁页岩气田完成测试 144 口井。单井测试产量分布在 5.55 万～62.02 万 m^3/d，其中测试产量大于 30 万 m^3/d 的气井 28 口，20 万～30 万 m^3/d 的生产井 65 口，小于 20 万 m^3/d 的生产井 51 口，累计测试产量 3273.41 万 m^3/d，井均测试产量 22.73 万 m^3/d。截至 2019 年 8 月 31 日，长宁页岩气田投产井 176 口，日产气量 994.33 万 m^3，单井平均日产气量 5.65 万 m^3，日产液量 5201.7m^3，累计产气量 69.86 亿 m^3，累计产气量超过 0.6 亿 m^3 的气井共 47 口，其中 0.6 亿～0.8 亿 m^3 的井 25 口，0.8 亿～1.0 亿 m^3 的井 18 口，超亿方气井 4 口(图 2-3-16)。

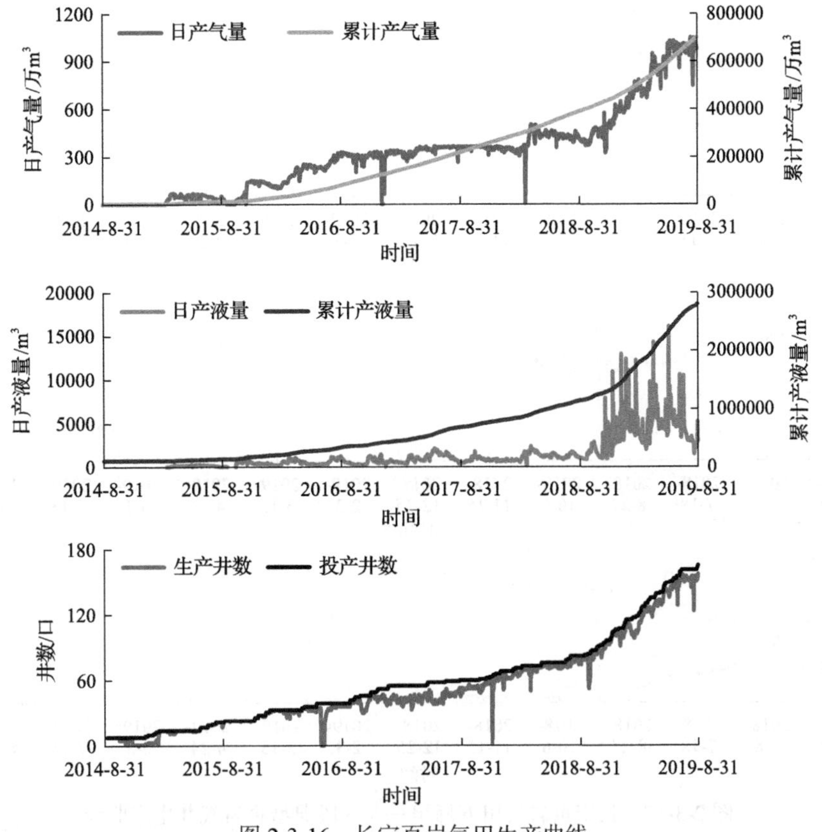

图 2-3-16 长宁页岩气田生产曲线

截至 2019 年 8 月 31 日，长宁页岩气田生产满 2 年的气井 57 口，全部位于已申报储量区，实际单井第一年平均递减率为 52.6%。进一步采用解析模型法，建立分段压裂水平井解析模型，考虑吸附气解吸附效应，对长宁页岩气田生产时间大于 1 年的页岩气井开展生产历史拟合，并预测后续生产特征，从第二年往后产量递减率依次为 40%、30%、20%、15%、10%、7%、7%、7%。

截至 2019 年底，采用解析模型法计算的长宁页岩气田已申报储量区井均测试产量为 23.20 万 m^3/d，单井 EUR 为 1.15 亿 m^3。其中 N216—N209 井区井均测试产量为 22.33 万 m^3/d，单井 EUR 为 1.14 亿 m^3(图 2-3-17)。

三、威荣页岩气田

(一)概况

威荣页岩气田位于四川盆地西南部，行政区划隶属于内江市威远县、市中区和自贡市贡井区、大安区，构造上属于川西南低褶构造带，位于川中隆起低缓区白马镇向斜，北邻威远构造，东南部紧邻自流井背斜(图 2-3-18)。气田主要目的层为上奥陶统五峰组—下志留统龙马溪组一段。

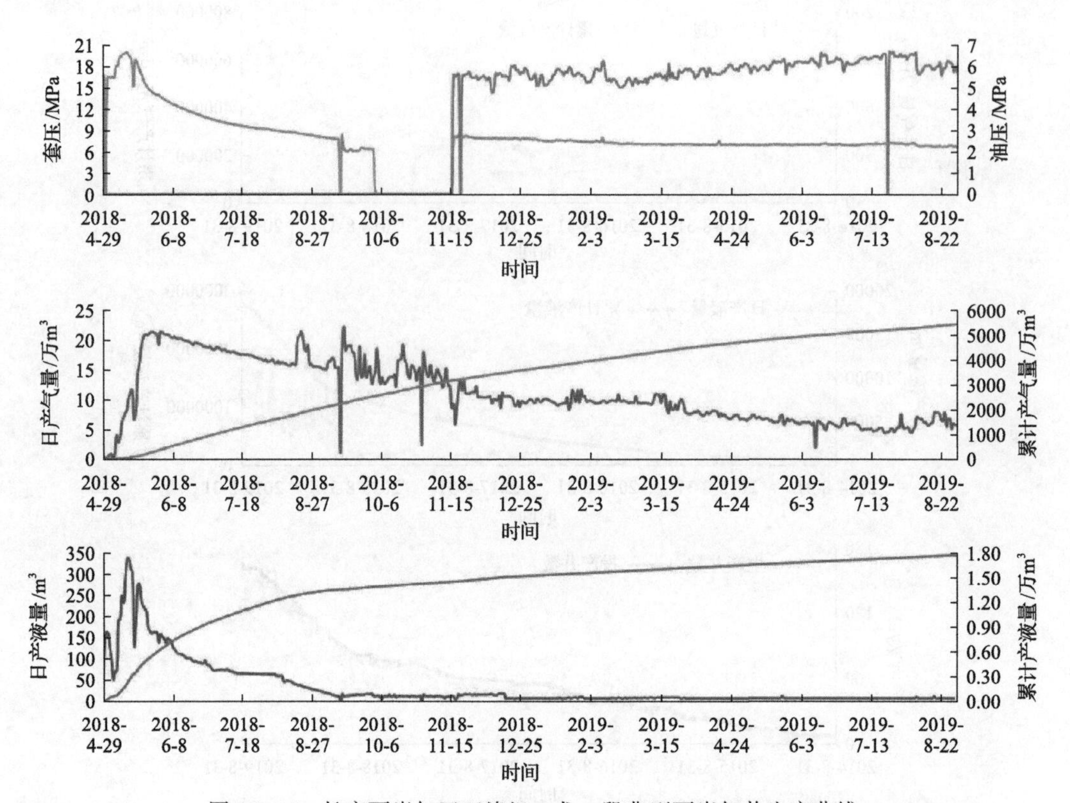

图 2-3-17 长宁页岩气田五峰组—龙一段典型页岩气井生产曲线

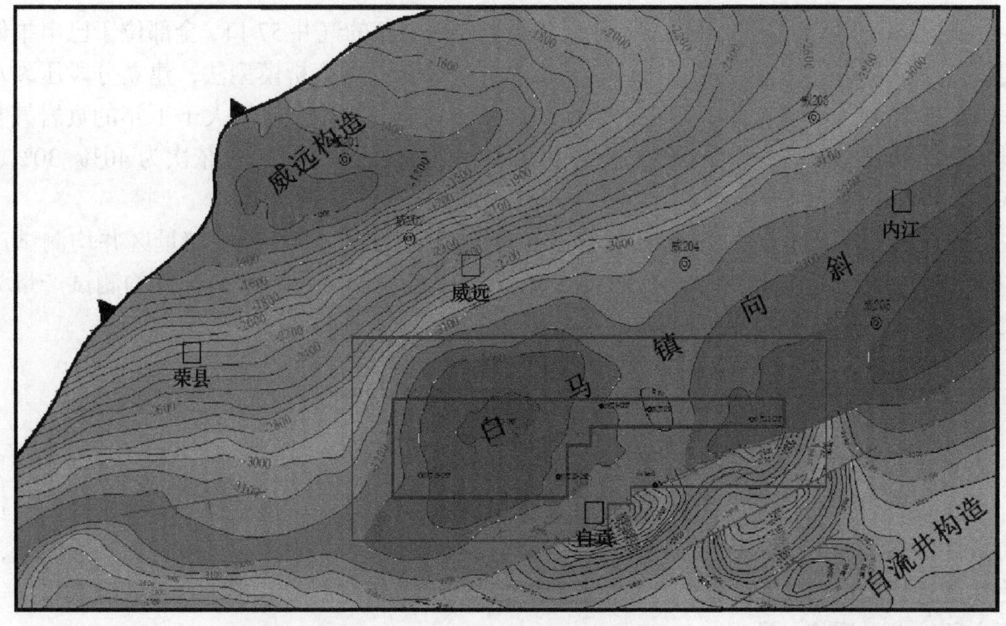

图 2-3-18 威荣页岩气田位置图

截至2020年12月底，威荣页岩气田累计探明地质储量1246.78亿m^3，累计完钻井85口，共完成测试井59口，其中系统试井17口，单井最高测试产量31.44万m^3/d，平均单井测试产量19.26万m^3/d，计算单井最高无阻流量54.7万m^3/d，平均单井无阻流量32.66万m^3/d；2020年底累计投产井数59口，年产气5.41亿m^3。

(二)勘探历程

中石化的威远—荣县地区页岩气勘探始于2009年，勘探开发历程可划分为四个阶段。

1. 目标优选阶段

2009年，中国石油化工股份有限公司西南油气分公司(以下简称中石化西南油气分公司)完成了“川西南新登记区块油气成藏条件及勘探前景”项目研究，明确了威远—荣县、荣昌—永川、井研—犍为页岩气勘探有利地区志留系龙马溪组及寒武系筇竹寺组为页岩气勘探层系。2011年，中石化西南油气分公司开展威远—荣县地区二维地震油气勘探普查工作，实施地震测网密度2km×4km的地震普查测线13条，满覆盖长度(覆盖次数60次)149.955km，威远—荣县地区二维地震油气勘探普查成果落实了威远—荣县地区局部构造特征。

2. 勘探突破阶段

2014年9月，中石化西南油气分公司在威远—荣县地区部署威页1HF井，钻井揭开的五峰组—龙一段页岩气目的层储层品质优良，气显示活跃。该井完井后对3637.00～4721.50m井段开展了16段42簇泵送桥塞分段压裂，在10mm×26mm工作制度下，井口套压26.2MPa时获得15.71万m^3/d的工业气流，发现了五峰组—龙一段页岩气藏，实现了威远—荣县地区页岩气勘探重大突破。

3. 页岩气商业发现阶段

2016年1月，中石化西南油气分公司完成了威荣地区143.77km^2三维地震采集与处理，落实了“甜点”发育区。2016年11月，中石化西南油气分公司部署了评价井威页9-1HF、威页11-1HF、威页23-1HF、威页29-1HF、威页35-1HF，五口评价井完井后均试获工业产能，其中威页23-1HF、威页29-1HF井在井底流压47.93MPa、34.99MPa下分别试获25.99万m^3/d、23.82万m^3/d高产工业气流，实现了威远—荣县地区深层页岩气商业发现。

4. 页岩气规模建产阶段

2018年1月，中石化通过了《威荣页岩气田龙马溪组页岩气30亿方产能开发方案》。2018年2月，中石化西南油气分公司提交威荣页岩气田奥陶系五峰组—志留系龙一段新增含气面积143.77km^2，页岩气探明地质储量1246.78亿m^3，技术可采储量286.76亿m^3。2018年8月，中石化审查通过了《威荣页岩气田龙马溪组页岩气产能建设项目可行性研究》报告，按照“整体部署、分步实施、统筹考虑”的原则，分两期实施。一期产建区部署 8 台 56 口井，新建产能 10 亿 m^3/a；二期产建区共部署 15 台 110 口井，新建产能 20 亿 m^3/a。截至 2020 年 12 月底，威荣页岩气田共投产井 59 口，日产气 300.58 万 m^3，平均单井日产气 5.09 万 m^3，年产气 5.41 亿 m^3，累计产气 6.65 亿 m^3。

2022 年威荣页岩气田全面建成，年产能达到 30 亿 m^3。

(三)基本地质特征

钻井揭示威荣页岩气田自上而下的地层依次为侏罗系遂宁组、上沙溪庙组、下沙溪庙组、新田沟组、自流井组，三叠系须家河组、雷口坡组、嘉陵江组、飞仙关组，二叠系长兴组、吴家坪组、茅口组、栖霞组、梁山组，志留系韩家店组、石牛栏组、龙马溪组，奥陶系五峰组、临湘组、宝塔组，缺失石炭系、泥盆系(表 2-3-2)。

五峰组—龙一段是主要含气目的层，厚 80.5～85.7m。根据岩性、电性(GR-DEN、GR-CNL 等相互叠合关系)、笔石带分布规律、TOC 变化及含气性等，五峰组—龙一段纵向上可划分为 9 个层(唐建明等，2021)，威荣页岩气田①～⑥层厚度稳定，厚 49.5～56.6m，由东向西逐渐增厚，TOC＞2%，是产能分布层系(图 2-3-19)。

表 2-3-2 威荣页岩气田地层简表

地层名称					地层符号	地层厚度/m	岩性岩相简述
界	系	统	组	段			
中生界	侏罗系	上统	遂宁组		J_3sn	0～90	紫红色泥岩夹中、薄层状粉砂岩、细砂岩
		中统	上沙溪庙组		J_2s	590～810	暗紫红色泥岩、砂质泥岩与灰绿色、紫红色长石石英砂岩构成的韵律层
			下沙溪庙组		J_2x	630～810	以紫红色泥岩、砂质泥岩为主，夹细砂岩、粉砂岩，底部为一大型斜层理的中粒砂岩
			新田沟组		J_2xt		灰色、灰黑色、灰绿色、紫红色砂页岩
		下统	自流井组		J_1z	200～230	由下而上分四段，珍珠冲段为紫红色、浅灰色、灰绿色泥岩夹砂岩；东岳庙段下部为灰色、深灰色、灰黑色灰岩、介壳灰岩、泥灰岩，上部为灰色、深灰色、灰绿色泥页岩；马鞍山段为紫红色、灰紫色、灰色泥页岩夹少量粉砂岩、细砂岩和薄层或透镜状泥灰岩、介壳灰岩；大安寨段为一套灰色、深灰色介壳灰岩与黑色页岩呈不等厚互层
	三叠系	上统	须家河组		T_3x	510～575	分为六段，其中一、三、五段含煤碎屑岩系，二、四、六段岩性为砂岩夹薄层泥岩
		中统	雷口坡组		T_2l	210～290	灰岩、白云岩及石膏大套韵律互层
		下统	嘉陵江组		T_1j	420～570	根据岩性可划分为五段。嘉一段为灰色、深灰色薄—中层状灰岩夹少量泥灰岩、鲕状灰岩及生物灰岩；嘉二段为灰—深灰色薄—中层状白云岩与硬石膏互层；嘉三段以灰色中厚层状灰岩为主；嘉四段为白云岩与石膏互层或白云岩夹角砾岩；嘉五段底部为灰岩、鲕粒灰岩，顶部为灰质白云岩、白云岩
			飞仙关组		T_1f	350～480	以碳酸盐岩台地、台地边缘浅滩、台地边缘斜坡沉积为主

续表

地层名称					地层符号	地层厚度/m	岩性岩相简述
界	系	统	组	段			
上古生界	二叠系	上统	长兴组		P_3ch	55～95	深灰色、灰色泥晶灰岩及泥灰岩
			吴家坪组		P_3w	55～165	为一套海陆交互相含煤碎屑岩系，岩性以灰色、深灰色粉砂质泥岩、泥岩为主，夹煤层或煤线
		中统	茅口组		P_2m	55～240	开阔台地沉积，二分。下段主要为深灰—灰黑色中—厚层状含生物碎屑泥质微晶灰岩、瘤状灰岩。上段为灰黑色薄层状硅质岩夹碳质页岩，地层中含较多的团块状灰岩
			栖霞组		P_2q	85～120	开阔台地沉积，二分。下段颜色深、单层薄，为深灰色中—厚层状含沥青质、泥质微晶灰岩夹瘤状灰岩，为缓坡沉积；上段颜色浅，单层厚，以浅灰色厚层亮晶砂屑灰岩为主，为砂屑滩沉积
			梁山组		P_2l	5～20	主要为一套滨岸沼泽相黑色含煤碎屑岩，岩性为灰色、黄灰色薄—中层状石英砂岩、粉砂岩、黏土岩及灰黑色碳质页岩，夹绿泥石岩、铝土岩，局部见煤线
下古生界	志留系	中统	韩家店组		S_2h	0～20	浅水陆棚—滨岸潮坪环境，岩性为黄灰色、灰绿色中薄层状粉砂质页岩，偶夹粉砂岩及灰岩透镜体
		下统	石牛栏组		S_1s	45～100	陆棚边缘缓斜坡沉积
			龙马溪组	龙三段	S_1l	410～550	灰绿色、浅灰色、灰色粉砂质页岩、页岩
				龙二段			深灰色页岩、粉砂质页岩
				龙一段			以黑色硅质碳质笔石页岩为主
	奥陶系	上统	五峰组	观音桥段	O_3w^2	0～0.8	灰黑色、黑色含生屑含碳灰质页岩
					O_3w^1	0.4～4	黑色硅质碳质笔石页岩
			临湘组		O_3l	2.3～4.2	台地边缘缓坡沉积，岩性主要为泥晶灰岩
		中统	宝塔组		O_2b	未穿	开阔台地沉积，岩性为浅灰色、灰色中—厚层状泥晶生物灰岩夹瘤状灰岩

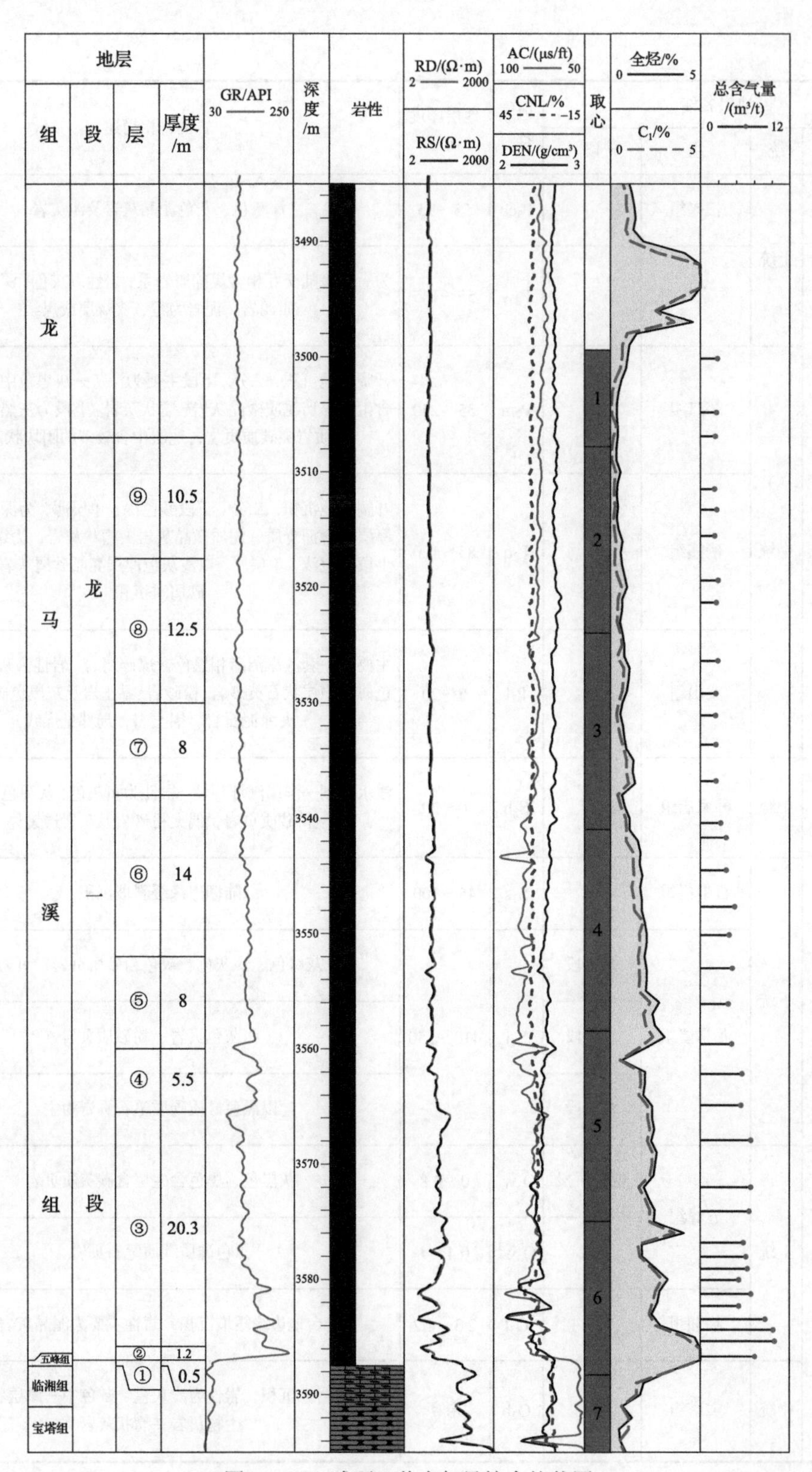

图 2-3-19　威页 1 井含气量综合柱状图

1. 页岩有机地化特征

五峰组—龙一段有机质类型是由低等水生浮游生物和藻类所形成的腐泥型有机质，以Ⅰ型干酪根为主。五峰组—龙一段334个岩心样品分析表明，页岩储层段TOC相对较高，平均为2.28%，为中—高有机碳含量。各井由深到浅TOC具有逐渐减小的趋势。R_o介于1.93%～2.43%，平均为2.26%，热演化程度适中，为高成熟期，以生干气为主。

2. 页岩储层特征

威荣页岩气田五峰组—龙马溪组整体为浅海陆棚相，又可分为深水陆棚亚相及浅水陆棚亚相(赵建华等，2016)。龙二段及龙三段为贫有机质的灰色泥页岩，为浅水陆棚沉积环境，TOC＜1%，笔石少见。五峰组—龙一段为富含有机质的暗色页岩，为深水陆棚相沉积环境，TOC＞1%，笔石大量发育。

其中深水陆棚亚相划分为六类沉积微相；黏土质硅质页岩深水陆棚微相、生物硅质页岩深水陆棚微相、硅质黏土质页岩深水陆棚微相、钙质黏土质页岩深水陆棚微相、含钙黏土页岩深水陆棚微相、黏土页岩深水陆棚微相。生物硅质页岩深水陆棚微相发育在龙一段底部②号层及③号层下部，为优质页岩储层有利的沉积微相。

五峰组—龙一段页岩以脆性矿物和黏土矿物为主,其中脆性矿物包含硅酸盐矿物(石英、长石等)和碳酸盐矿物(方解石、白云石等)，黏土矿物包含伊利石、伊蒙混层等。五峰组—龙一段页岩储层段脆性矿物含量较高，介于37%～81%，平均为56.07%，其中硅质含量平均为37.68%，钙质含量平均为18.37%。黏土矿物含量相对较低，平均为33.77%。

五峰组—龙一段孔隙类型以基质孔为主,其次为裂缝。基质孔包含有机孔和无机孔，有机孔类型丰富，有干酪根结构孔隙、沥青裂解生气孔隙、微生物作用孔隙、笔石体孔隙等；无机孔主要有脆性矿物内微孔隙(包括残余原生孔隙、不稳定矿物溶蚀孔)、黏土矿物层间微孔隙等。

通过开展高压压汞、氮气吸附、纳米CT、FIB-SEM等实验分析定量研究孔隙结构特征，结果表明：五峰组—龙一段孔径分布范围大，以50nm～200μm中—大孔为主，具有较高的孔体积和比表面积。裂缝主要为微裂缝，规模较小。裂缝密度自上而下增高，裂缝密度为0.24～21.55条/m，平均为3.44条/m。

五峰组—龙一段岩心样品分析表明，页岩储层段孔隙度平均为6.08%，各井横向对比性强，具有由深到浅孔隙度逐渐减小的趋势。岩心基质渗透率较低，总体表现为特低渗的特点。常规氦气法测得渗透率平均为0.1963mD，水平渗透率高于垂直渗透率，水平渗透率平均为0.0813mD，垂直渗透率平均为0.0055mD。总体来说，储层为中孔、特低渗页岩气层(郭旭升等，2020)。

五峰组—龙一段页岩储层段含气量较高，196个岩心样品分析表明，含气量平均为6.17m^3/t，中值为5.99m^3/t。纵向上自上而下含气量总体呈逐渐增大的特点。

五峰组—龙一段页岩储层段脆性指数较高，平均为0.589。横向上，整体脆性指数较为稳定、差异不大。岩心岩石力学测试表明，五峰组—龙一段页岩整体具有“低泊松比、高杨氏模量”的特征。杨氏模量均值为19.47GPa，泊松比均值为0.28。威页23-1HF井地应力分析表明：五峰组—龙一段最小水平主应力平均为 92.31MPa；最大水平主应力平均为 101.44MPa，地应力差值平均为 9.12MPa。威页 23-1HF 井测试压裂计算得到井底破裂压力为 103MPa，与地应力分析结果一致。地应力差异系数平均为 0.087，地应力差异系数较小，表明压裂越易形成网状裂缝。

3. 页岩气保存条件

威荣页岩气田隶属于川西南低褶构造带，位于川中隆起低缓区白马镇向斜，北邻威远构造，东南部紧邻自流井背斜，总体受威远大型穹窿背斜的控制，向斜底部构造略有起伏(郭正吾和邓康龄，1994)。气田西部构造深度较大，最深位置位于威页 23-1HF 井附近，东区略微抬升，区内龙马溪组底部构造深度范围为–3540～–3200m，对应埋深 3550～3880m。地层形态整体较平缓，地层倾角 0.5°～4°。

威荣页岩气田五峰组—龙马溪组一段页岩气层，其直接顶板为龙二段、龙三段的灰色泥质粉砂岩、粉砂质泥岩、泥岩，平均厚度为 300m；底板为连续沉积的临湘组、宝塔组深灰色含泥瘤状灰岩、灰岩，总厚度约为 150m。

威页 23-1HF 井导眼井钻探表明，顶底板致密，裂缝不发育。其中顶板为龙二段—龙三段粉砂质页岩和泥岩，底板为临湘组、宝塔组致密灰岩，突破压力高，封隔性好。成像测井成果证实，区内龙马溪组顶底板分布稳定，岩性致密，封隔条件好。

(四)气藏特征

1. 气藏要素分析

威页 1HF、威页 23-1HF 两口井关井压力恢复试井，计算得到原始地层压力为 68.69～76.95MPa，地层压力系数为 1.94～2.05，属超高压气藏(表 2-3-3)。威页 23-1HF 井实测地层温度为 134.97℃，地温梯度为 3.02℃/100m，属正常地温(表 2-3-4)。

表 2-3-3　威荣页岩气开采区块地层压力数据表

井号	气层中部深度/m	原始地层压力/MPa	地层压力系数	资料来源
威页 1HF	3607.49	68.69	1.94	2015 年 9 月 28 日至 12 月 8 日关井压力恢复试井最大关井压力计算
威页 23-1HF	3831.70	76.95	2.05	2017 年 9 月 22 日至 10 月 27 日关井压力恢复试井分析成果

表 2-3-4　威荣页岩气开采区块地层温度数据表

井号	测点井深/m	地层温度/℃	地温梯度/(℃/100m)	备注
威页 23-1HF	3831.70	134.97	3.02	实测

据威页 1HF 等 6 口井 23 个气样组分分析资料，气体组分以甲烷为主，平均含量为 97.36%，乙烷平均含量为 0.44%；低含二氧化碳，平均含量为 1.54%；不含硫化氢，平均天然气相对密度为 0.5781，平均临界压力为 4.637MPa，平均临界温度为 192.38K，表现为干气特征。

2. 气藏产能分析

威荣页岩气开采区块五峰组—龙一段为深层、常温、超高压、弹性气驱、超低渗、干气、自生自储式连续型页岩气藏(表 2-3-5)。

表 2-3-5 威荣页岩气开采区块五峰组—龙一段气藏主要参数表

油气藏名称	油气藏类型	驱动类型	高点埋藏深度/m	含油气高度/m	中部海拔/m	原始地层压力/MPa	地层压力系数	地层温度/℃	地温梯度/(℃/100m)
$O_3w—S_1l^1$	连续型页岩气藏	弹性气驱	3538	49～58	−3367	72.427	2.00	131.20	3.02

目前威荣气田气井一般经历排液测试阶段、稳产降压阶段、定压递减阶段，根据气井压力、产量的变化趋势，主要采用数模法、解析法和产量递减分析法等计算单井的 EUR(图 2-3-20～图 2-3-22)。通过对 17 口井进行产能测试分析，EUR 在 0.4 亿～1.0 亿 m^3，最高单井 EUR 为 1.0 亿 m^3，平均 EUR 为 0.76 亿 m^3。

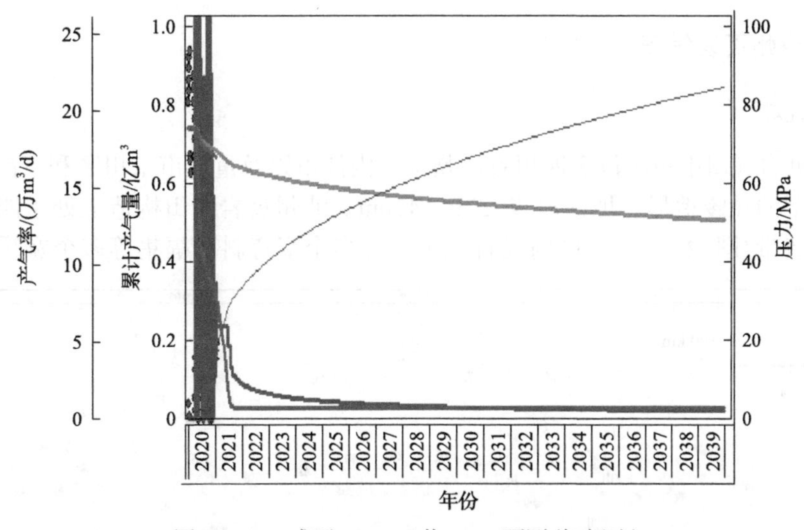

图 2-3-20 威页 29-6HF 井 EUR 预测(解析法)

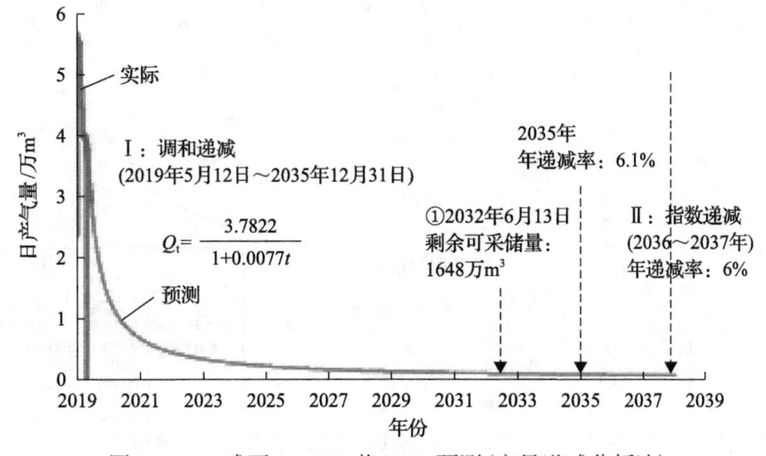

图 2-3-21 威页 23-1HF 井 EUR 预测(产量递减分析法)

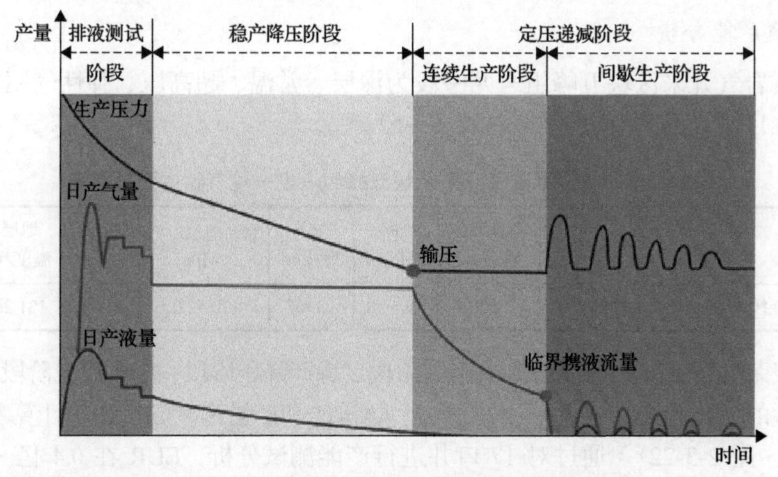

图 2-3-22　威荣页岩气田页岩气井典型生产模式

四、泸州页岩气田

(一)概况

泸州页岩气田申报区位于四川省泸州市、内江市以及重庆市永川区和荣昌区境内。地表属典型的丘陵地形，地面海拔 270～420m。泸州页岩气田构造上处于四川盆地川南低陡构造带(图 2-3-23)，区内发育螺观山等多个窄背斜和福集等多个宽缓向斜。截

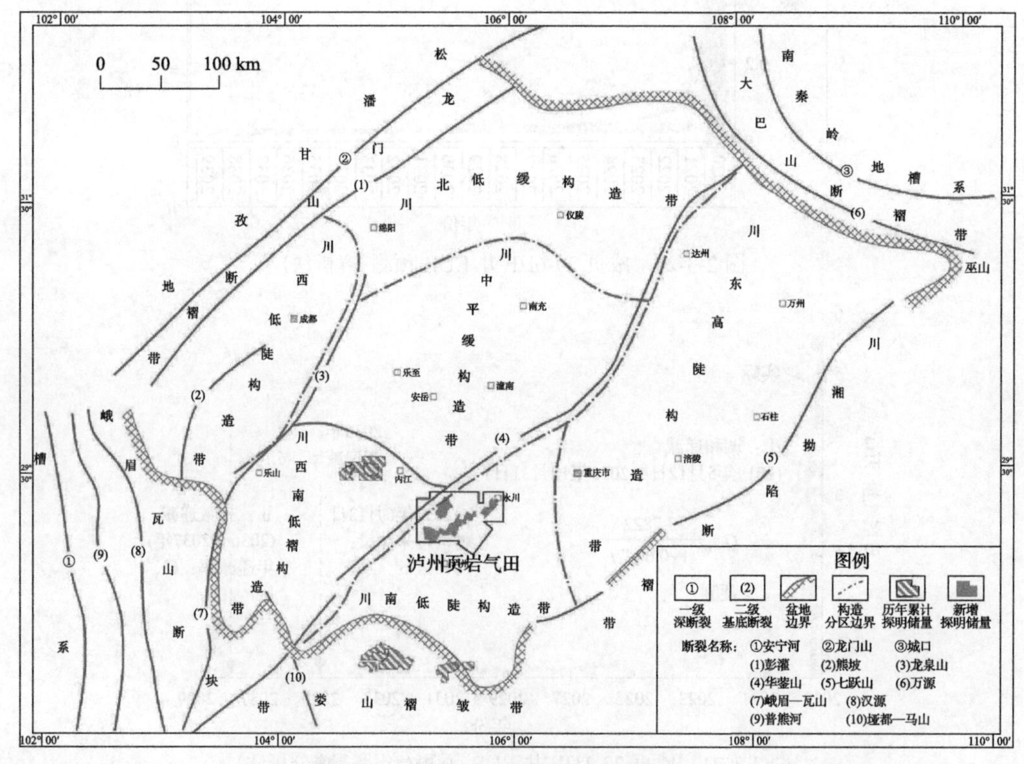

图 2-3-23　泸州页岩气田区域构造位置

至 2021 年 6 月，泸州页岩气田累计提交页岩气探明地质储量 5138.09 亿 m^3，累计完钻井 167 口，水平井测试日产量最高 137.9 万 m^3，平均 31.73 万 m^3。2020 年泸州页岩气田年产量 3.28 亿 m^3。

（二）勘探历程

泸州页岩气田五峰组—龙马溪组页岩气藏发现井为 Y101 井，该井位于泸州九奎山构造，钻探目的是获取志留系龙马溪组黑色页岩的地球化学、岩石矿物组成和物性特征。该井于 2010 年 12 月 22 日开钻，2011 年 3 月 27 日完钻，完钻井深 3577m，完钻层位为奥陶系宝塔组。2011 年 6 月 19 日至 7 月 4 日对龙马溪组进行了直井压裂改造，获得测试产量 6 万 m^3/d。2011 年 8 月 20 日，同井场 Y201-H2 井开钻，目的是评价志留系龙马溪组页岩气水平井产能，该井于 2012 年 2 月 6 日完钻，水平段长 968m，2012 年 5 月 9 日至 18 日完成压裂，获测试产量 43 万 m^3/d。Y101 井和 Y201-H2 井的成功获气，拉开了泸州页岩气田勘探开发的序幕。

20 世纪 80 年代钻探了 YS2、Y63 和隆 32 三口深井，曾在志留系龙马溪组页岩中钻获低产气流。中石油于 2006 年率先开展页岩气评层选区工作，泸州区块与长宁、威远一起成为最早一批优选出的有利区。其勘探历程大体可以分为三个主要阶段。

1. 预探阶段（2009～2011 年）

2009 年 11 月 10 日，中石油与壳牌中国勘探与生产有限公司签订了《四川盆地富顺—永川区块页岩气联合评价协议》（JAA），对四川盆地富顺—永川区块页岩气进行联合评价，开展页岩气基础研究和选区评价。该协议于 2010 年 1 月 1 日生效，壳牌优选了九奎山构造部署实施了 Y101 井，2011 年直井压裂获得测试产量 6 万 m^3/d，发现了泸州页岩气田。

2. 评价阶段（2012～2019 年）

2012～2015 年壳牌相继钻探了 G202-H1 井、G205-H1、来 101 井等井，在富顺—永川区块开展评价，在五峰组—龙一段获得工业气流，累计完成取心井 8 口，完钻井 22 口，压裂测试获气 19 口，累计测试产量 206.2 万 m^3/d。2016 年开始，中石油开展自主评价，并于 2017 年与地方政府合作勘探页岩气，成立四川页岩气公司。自主评价阶段完成了三维地震资料采集，相继钻探了 H202、L201、L202、L203 和 L204 井五口井，其中 2017 年部署的 L203 井在 2019 年 3 月 9 日获测试产量 137.9 万 m^3/d，成为中国首口测试日产量突破 100 万 m^3 的页岩气井，深层页岩气领域取得重大突破。此外，L201 井直井分层测试，龙一$_1^1$小层测试获气 1.76 万 m^3/d，龙一$_1^4$小层瞬时产量 0.16 万～0.22 万 m^3/d，L202 井在靶体钻遇率不足 40%的情况下，获测试产量 13.3 万 m^3/d，L204 井水平段总长度仅 649m 且靶体钻遇率仅 35%，获测试产量 14.4 万 m^3/d。第一批评价井整体实施效果优，发现了 H202、L203 等井区五峰组—龙一段多个气藏，彰显了区块良好的页岩气勘探开发潜力，为下一步大规模建产奠定了信心。在 L203 井获得突破以后，为了开展深层试采评价和整体探明部署工作，2019 年在 Y101 井区和 H202 井区编制完成了试采方案，在 Y101 井区优选了 166km^2 页岩气有利区，部署了 6 个试采平台 11 口井，目前已投产试验井 9 口，累计产气 2.2 亿 m^3；在 H202 井区优选了 220km^2 页岩气有利区，部署了 3 个试采平台 12 口井，目前已投产试验井 6 口，建产 2.7 亿 m^3。

3. 开发阶段(2020 年至今)

2020 年 12 月，中石油批复了《泸州区块泸 203 井区页岩气一期开发方案》，方案设计投产 222 口井，计划 2021 年建成产能 20 亿 m^3，稳产 12 年，期末累计产气量 353.7 亿 m^3，方案实施稳步推进。2021 年，为进一步优化泸州页岩气田勘探开发部署，明确各区块建产节奏，泸州页岩气田 100 亿 m^3 初步开发方案及 200 亿 m^3 开发规划方案编制工作启动，将泸州页岩气田划分为北部、中部、南部三大区域，总体分为三期建设，其中第一期以北部的 Y101、L203 井区为建产目标，预计 2025 年达产 100 亿 m^3，稳产至 2034 年，稳产期 10 年，生产期末累产 1726 亿 m^3；第二期以中部 L201、L202、L204 井区为建产目标，预计 2030 年达产 200 亿 m^3，稳产至 2038 年，稳产 9 年，生产期末累产 2016 亿 m^3；2038 年以后以 4500m 以深的南部区域接替稳产，预计稳产至 2053 年，气田整体稳产 24 年，累计产气 3128 亿 m^3。

目前，泸州区块北部计划编制的"L203 井区一期、Y101 井区、L203 井区二期"三个开发方案，规模分别为 20 亿 m^3、50 亿 m^3、30 亿 m^3，L203 井区一期 20 亿 m^3 方案已获批复，L203 井区二期 30 亿 m^3 方案和 Y101 井区 50 亿 m^3 方案正在编制中。Y101 井区开发方案中，设计总投产 556 口井，其中利用 Y101 井区试采方案井 11 口，计划 2025 年建成 50 亿 m^3 规模，目前已开钻建产井 64 口，完钻 52 口，投产井 19 口；L203 井区二期开发方案中，设计总投产 383 口井，计划 2025 年建成 30 亿 m^3 规模，目前已开钻建产井 2 口，完钻 1 口，投产井 1 口。

截至 2021 年 5 月 31 日，开井 44 口，平均单井日产气 6.53 万 m^3，累计产气 11.00 亿 m^3。申报区于 2014 年试采，截至 2021 年 5 月 31 日，共有生产井 47 口，满 3 个月生产井 38 口，平均单井日产气 6.78 万 m^3，累计产气 9.87 亿 m^3。

(三)基本地质特征

泸州页岩气田页岩气层总厚度介于 31.7～84.2m，纵向上五峰组—龙一段连续；页岩气层总体具有高有机质丰度、高镜质组反射率、高脆性矿物含量、低孔隙度、特低渗和高含气量的特点(杨洪志等，2019)。页岩气层段 TOC 介于 1.0%～9.3%，平均为 2.8%，中值为 2.5%，主要为高有机碳含量；R_o 分布在 2.2%～2.6%，平均为 2.4%，中值为 2.4%，为高镜质组反射率，表明五峰组—龙一段页岩进入过成熟阶段，以产干气为主。脆性矿物含量介于 31.8%～97.0%，平均为 64.1%，中值为 62.0%，以硅质矿物为主，其次为碳酸盐矿物，主要为高脆性矿物。储集空间以纳米级有机质孔、黏土矿物间微孔为主，并发育晶间孔、次生溶蚀孔等，孔径主要为中孔，页岩气层孔隙度分布在 2.00%～11.35%，平均为 4.32%，中值为 4.34%，主要为低孔隙度；渗透率介于 3.98×10^{-5}～9.37×10^{-1}mD，平均为 1.15×10^{-2}mD，中值为 1.09×10^{-2}mD，为低孔隙度、特低渗透率储层。总含气量介于 3.0～12.9m^3/t，平均为 6.2m^3/t，中值为 6.1m^3/t。因此评价认为泸州页岩气田五峰组—龙一段页岩气层总体为良好的页岩气层。

五峰组—龙一 1 亚段发育Ⅰ、Ⅱ类有效储层段，龙一 2 亚段 TOC 和脆性矿物含量降低，以Ⅱ类有效储层段为主，局部层段为Ⅲ类有效储层段。

1. 页岩有机地球化学特征

泸州页岩气田五峰组—龙一段 TOC 介于 0.1%～9.3%，平均为 2.1%，中值为 2.0%，总体反映区内主要为中—高有机碳含量，这为形成有利的页岩气藏提供了良好的物质基础。

页岩在纵向上有机碳具有相同变化特征，五峰组—龙一段由上往下 TOC 逐渐增大，其中下部五峰组和龙一 1 亚段 TOC 最高。以 Y101H2-7 井为例，五峰组—龙一 1 亚段 TOC 普遍大于 1.0%，最高可达 7.3%，平均为 3.0%，中值为 2.6%，评价为高—特高有机碳含量；龙一 2 亚段 TOC 主要介于 0.1%～1.5%，平均为 0.6%，中值为 0.5%，评价为低有机碳含量。

泸州页岩气田龙一段岩心样品通过干酪根镜检，腐泥组含量平均大于 90%，为Ⅰ型干酪根，其母质来源主要为菌藻类。页岩 R_o 为 2.2%～2.6%，平均为 2.4%，中值为 2.4%，达到了过成熟阶段。

2. 页岩储层特征

泸州页岩气田在五峰组—龙一段沉积期（凯迪期—晚埃隆期）主要位于陆棚环境。

泸州页岩气田五峰组—龙一段主要为陆棚相，可进一步划分为浅水陆棚和深水陆棚两种亚相以及富有机质硅质泥棚等五种微相沉积类型。深水陆棚相可进一步划分为富有机质硅质泥棚、富有机质黏土质泥棚、黏土质泥棚和粉砂质泥棚等四种微相沉积类型，均为有利的页岩气储集相带。浅水陆棚主要为泥质粉砂棚微相，为较一般的储集相带。五峰组沉积中期—龙一$_1^3$小层沉积期为高有机质含量、低黏土矿物含量、中等沉积厚度的富有机质硅质泥棚微相，处于极其有利的沉积相带；龙一$_1^4$小层沉积期为高有机质含量、中等—高黏土矿物含量、沉积厚度较大的富有机质黏土质泥棚，处于较有利的沉积相带。

五峰组—龙马溪组为泸州页岩气田勘探开发的主要目的层。平面上泸州区块五峰组厚度 3.3（T101H 井）～13.4m（L206 井），具有由西北向东南逐渐减小的趋势。平面上龙马溪组厚度由东向西逐渐增大，介于 373（H202 井）～695m（G205-H1 井）。泸州页岩气田龙一段主要为硅质页岩、黏土质页岩、粉砂质泥岩等，厚度介于 53.8（L203 井）～105.8m（Y101H10-3 井），平均厚度大于 80m，厚度大于 90m 的区域位于储量区南缘及 L205—G202-H1—G206-H1 井一带。岩屑显示龙二段岩性粒度整体相对龙一段较粗，颜色整体相对龙一段较浅，底以灰—灰黑色泥质粉砂岩、粉砂质泥岩与下伏龙一段顶部（龙一 2 亚段）深灰色页岩—灰色粉砂质页岩相间的韵律层分界，上部岩屑逐渐转为灰—灰绿色；底部黄铁矿含量相对于龙一段减少。

泸州页岩气田 L203、Y101 和 H202 井区五峰组—龙一段气层段岩心化验显示孔隙度介于 2.00%～11.35%，平均为 4.32%，中值为 4.34%，渗透率介于 3.98×10^{-5}～9.37×10^{-1}mD，平均为 1.15×10^{-2}mD，中值为 1.09×10^{-2}mD，为低孔特低渗储层。由 G205-H1 井、H202 井五峰组—龙马溪组物性综合评价图可见，泸州地区五峰组—龙马溪组孔隙度较发育，龙一 1 亚段孔隙度最高（张成林等，2021）。

泸州页岩气田五峰组—龙马溪组页岩储集空间主要发育有机孔、有机缝、无机孔和无机缝四种基本孔隙类型(李仲等，2021)。有机孔在泸州地区 Y101H1-2 井和 L203 井龙一 1 亚段总体极其发育，相对而言最底部有机孔发育不如其中上部，底部部分有机质发育少量介孔和大宏孔(图 2-3-24)，连通性较差；中上部有机质介孔—小宏孔—大宏孔均衡发育，甚至发育少量超大宏孔(图 2-3-25)，孔径主要集中在 100～600nm。有机缝在泸州地区不常见，仅见少量有机质粒缘缝和收缩缝(图 2-3-26)，构造缝较为少见。

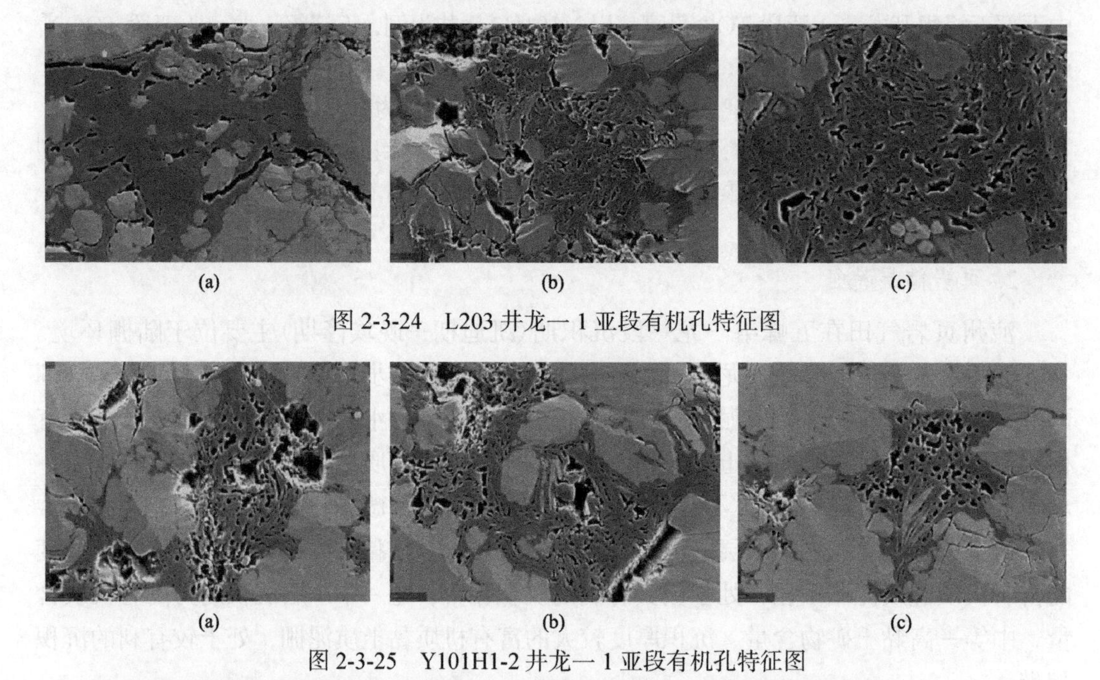

图 2-3-24　L203 井龙一 1 亚段有机孔特征图

图 2-3-25　Y101H1-2 井龙一 1 亚段有机孔特征图

扫码见彩图

图 2-3-26　L203 井龙一 1 亚段不同孔隙类型特征图

无机粒内孔在泸州地区黑色页岩的很多矿物中都能见到，但主要发育于石英、黏土矿物、长石、莓状黄铁矿、碳酸盐矿物和云母内部(图 2-3-27、图 2-3-28)。矿物粒间孔在泸州地区五峰组—龙马溪组页岩中主要由同种或多种矿物相互支撑形成，石英、黏土矿物、长石、白云石等颗粒或晶体之间形成粒间孔，孔径比粒内孔更大，且连通性也更好。

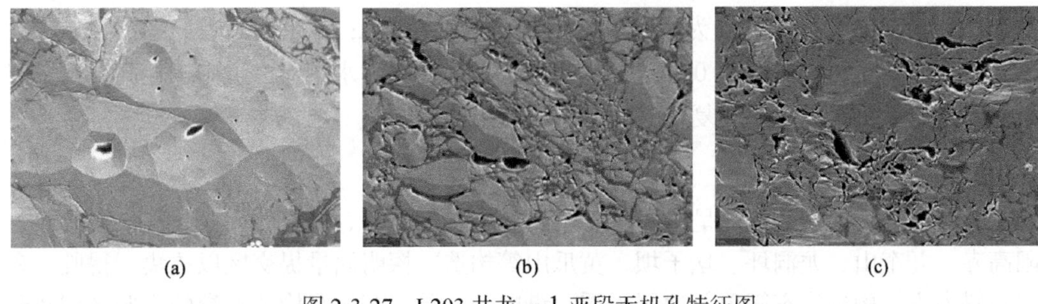

图 2-3-27 L203 井龙一 1 亚段无机孔特征图

图 2-3-28 Y101H1-2 井龙一 1 亚段无机孔特征图

L203 井和 Y101H1-2 井网状微裂缝极其发育，且缝宽较大，常见 1～2μm 张性微裂缝，且多数裂缝没有有机质和矿物碎片充填，为页岩气提供了良好的运输通道。存在大量矿物相关裂缝，与黏土矿物、硅质、方解石、白云石和长石相关，在其他矿物中极为少见。

泸州页岩气田五峰组—龙一段页岩样品地层压力条件下吸附气量为 0.27～3.90m^3/t，平均为 1.62m^3/t，中值为 1.57m^3/t。其中气层段地层压力条件下吸附气量为 0.35～3.9m^3/t，平均为 1.74m^3/t，中值为 1.70m^3/t（石学文等，2021）。泸州页岩气田五峰组—龙一段气层段测井解释总含气量介于 3.0～12.9m^3/t，平均为 6.2m^3/t，中值为 6.1m^3/t，整体及各个井区均反映出总体高含气量的特征。

泸州页岩气田五峰组—龙一段矿物成分主要为石英、长石、方解石、白云石、黄铁矿和黏土矿物等，其中黏土矿物主要为伊利石、伊蒙混层和绿泥石。页岩气层段脆性矿物含量介于 31.8%～97.0%，平均为 64.1%，中值为 62.0%，黏土矿物含量介于 2.0%～63.0%，平均为 30.8%，中值为 32.0%。有效储层段表现出好的可压性。气层段纵向上矿物变化具有相同变化特征，自上而下脆性矿物含量呈逐渐增高特征。以 Y101H2-7 井为例，气层段脆性矿物含量介于 40%～87%，平均为 59.5%，黏土矿物含量介于 11.0%～55.0%，平均为 36.7%。

泸州页岩气田页岩杨氏模量为 28.14～59.24GPa，平均为 41.56GPa，中值为 41.70GPa；泊松比为 0.16～0.29，平均为 0.22，中值为 0.22；脆性指数为 44.51%～71.07%，平均为 62.20%，中值为 63.58%，表现为较高杨氏模量、低泊松比、高脆性的特征（何骁等，2021b）。最大水平主应力为 94.5～118.3MPa，平均为 108.4MPa，中值为 110.34MPa；最小水平主应力 80.36～105.20MPa，平均为 93.4MPa，中值为 93.7MPa；水平应力差异系数为 0.12～0.26，平均为 0.16，中值为 0.15。总体表明页岩脆性强，水平应力适中—偏高，水平应力差异系数较小，具有形成复杂缝网的地应力条件。

3. 页岩气保存条件

泸州页岩气田构造整体呈南西—北东向展布，从西到东主要发育有梯子崖、古佛山、阳高寺、九奎山、龙洞坪、坛子坝、黄瓜山等构造。探明储量提交区以福集、得胜、来苏向斜为主，构造形态简单，地层平缓。纵向上，受三套控制构造发育的主要区域滑脱层调节影响(寒武系高台组膏盐岩、志留系龙马溪组泥页岩和三叠系嘉陵江组膏盐岩)，自下而上可分为三套构造层：下构造层为震旦系—中寒武统，构造起伏较小，断层相对不发育，断距较小，向上消失于寒武系膏盐层中；中构造层为上寒武统—中三叠统，构造变形最为强烈，主控断层断距较大，最大可超过 700m；上构造层由须家河组及侏罗系陆相碎屑岩组成，在向斜区可见，构造形态与地表一致，褶皱变形较强，断裂较发育。整体而言，纵向上，上—中构造层(须家河组底至五峰组底)继承性发育，相似性较好；构造形态随深度增加逐渐复杂，构造两翼断裂相对发育，主断裂对构造形态起控制作用。由于滑脱层影响，下构造层构造形态最为简单，变形最弱。

(四)气藏特征

1. 气藏要素分析

泸州页岩气田气藏埋深 3150～4300m(图 2-3-29、图 2-3-30)，驱动类型为弹性气驱。地层温度为 109.74～129.08℃，地温梯度为 2.49～2.80℃/100m，地层压力为 76.235～82.818MPa，压力系数为 2.15～2.17，为常温、高压系统。

申报区气藏的天然气性质：天然气相对密度为 0.5653～0.5761，平均临界温度为 191.86K，平均临界压力为 4.62MPa。天然气组分中，甲烷含量为 96.29%～98.54%，二氧化碳含量为 0.05%～1.48%，氦气含量为 0.03%～0.07%，不含硫化氢。

2. 气藏产能分析

截至 2021 年 6 月，泸州页岩气田龙马溪组投产井 58 口，压裂后均获工业气流。完成试气井 40 口，其中直井 4 口，测试产量 0.5 万～6 万 m^3/d，平均测试产量 3.2 万 m^3/d；水平井 36 口，测试产量 1.7 万～137.9 万 m^3/d，平均测试产量 22.11 万 m^3/d。

该次探明储量申报区内，完成试气井 31 口，其中直井 1 口，为壳牌老井，测试产量 6 万 m^3/d；水平井 30 口，其中壳牌老井 11 口，测试产量 4 万～43 万 m^3/d，平均测试产量 15.01 万 m^3/d，中石油新投产井 19 口，其中以龙一$_1^1$—龙一$_1^2$小层为主要靶体位置的井 17 口，测试产量 8.17 万～137.9 万 m^3/d，平均测试产量 31.73 万 m^3/d，龙一$_1^4$小层专层试验井 2 口，测试产量分别为 10.22 万 m^3/d、6.02 万 m^3/d。

L203 井为目前泸州页岩气田测试产量最高的页岩气井，测试产量达到 137.9 万 m^3/d，该井 2019 年 1 月投产，主要采用控压生产制度，截至 2021 年 4 月底，日产气量 4.57 万 m^3，油压 11.04MPa，套压 12.17MPa(图 2-3-31)，累计产气量 9363.89 万 m^3，预测 EUR 为 2.14 亿 m^3。

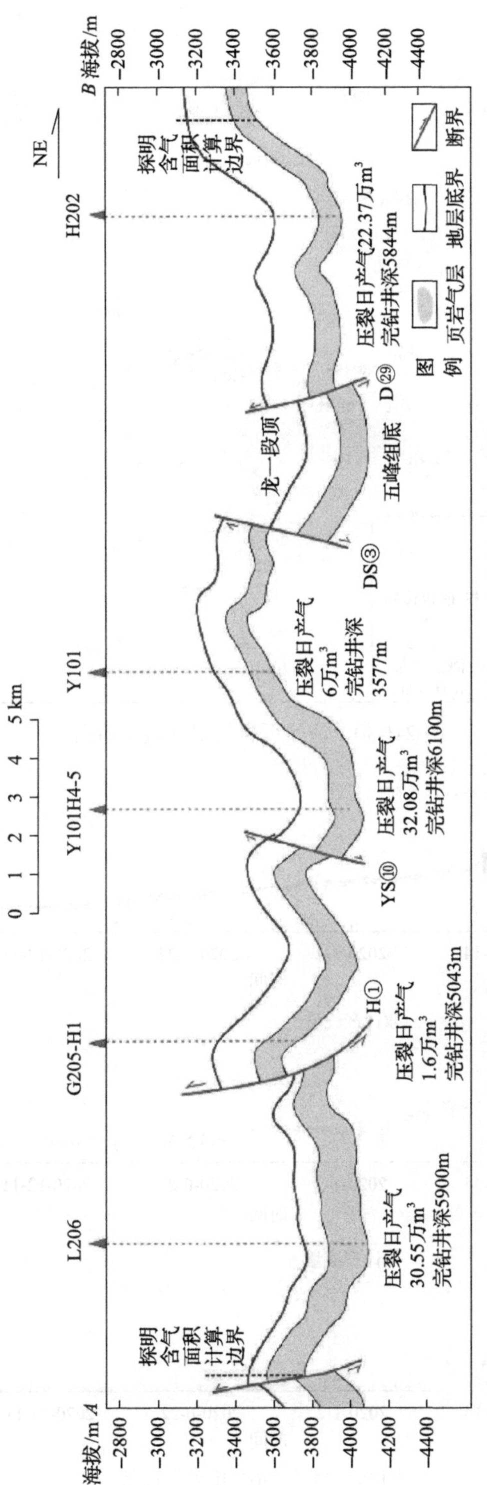

图2-3-29 泸州页岩气田气藏剖面图

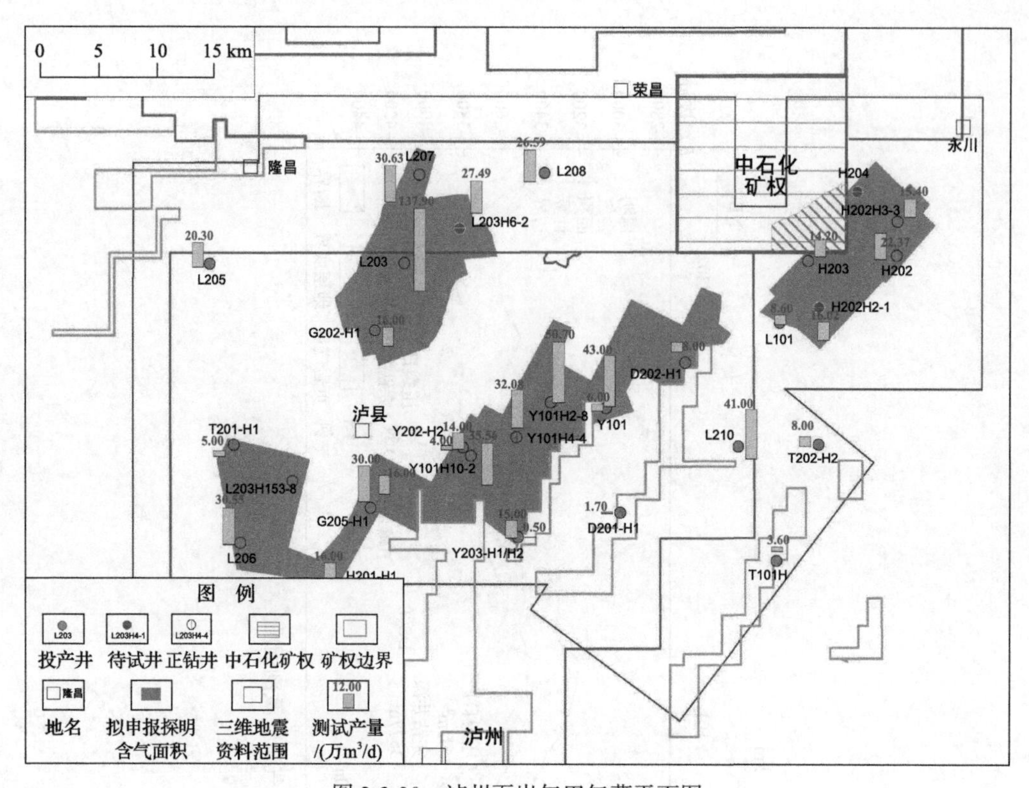

图 2-3-30 泸州页岩气田气藏平面图

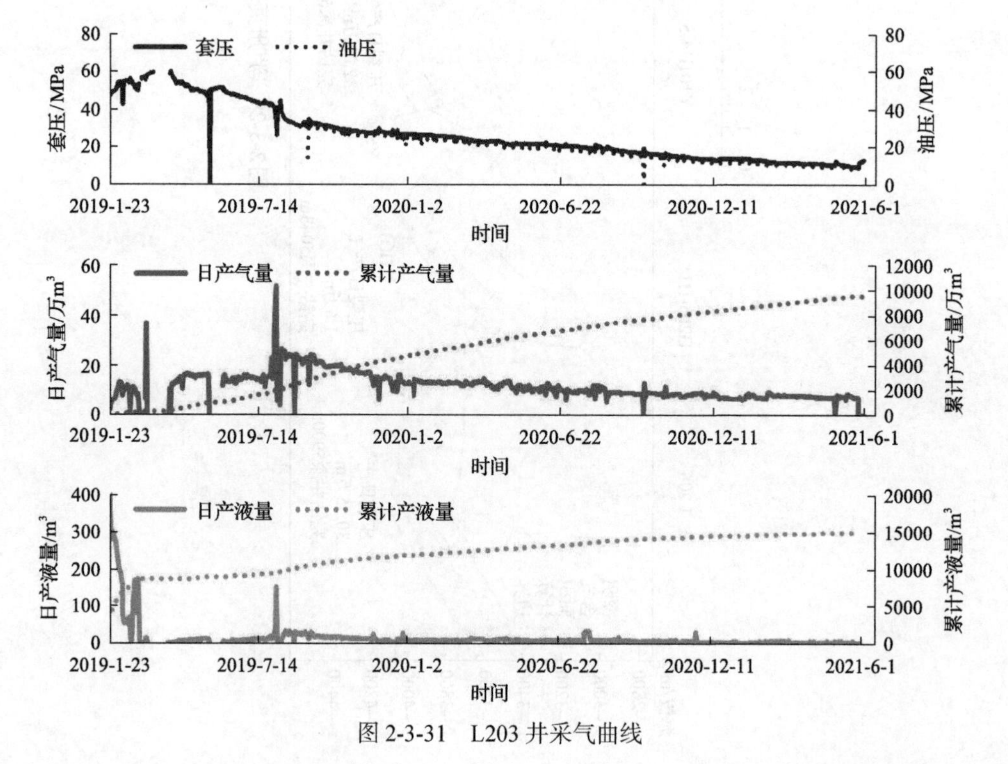

图 2-3-31 L203 井采气曲线

泸州区块 Y101 井区第一阶段实施试采井 3 口，平均测试产量 43.22 万 m^3/d，EUR 为 1.63 亿 m^3，生产效果较好。其中 Y101H4-5 井于 2020 年 1 月 15 日投产，该井测试结束后控压生产，配产 15 万 m^3/d(阶段一)，套压缓慢递减，压降速度 0.05MPa/d；当提高配产后(阶段二)，压降速度增大到 0.25MPa/d；后期调小配产至 10 万～15 万 m^3/d，压降速度降低至 0.08MPa/d(图 2-3-32)。

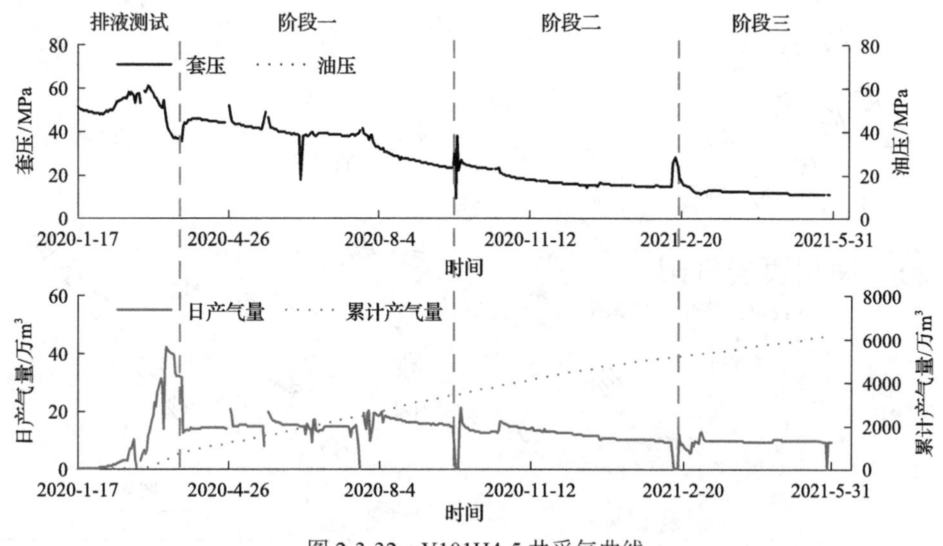

图 2-3-32 Y101H4-5 井采气曲线

对于生产时间较长、达到拟稳态边界流的井，采用 RTA 解析模型拟合实测井底流压的方式计算 EUR；对于生产时间较短的井，当累计产气量达到 500 万 m^3 时，井口压力与日产气量的乘积在时间上的累加值与 EUR 呈现较好的线性关系，因此可用该方法预测单井 EUR；对于压裂完成至开井初期的井，可采用地质工程参数多元回归法预测单井 EUR。

计算可知，中石油新井单井 EUR 为 0.56 亿～2.14 亿 m^3，平均单井 EUR 为 1.23 亿 m^3。其中 L203 井区单井 EUR 为 1.28 亿～2.14 亿 m^3，平均单井 EUR 为 1.47 亿 m^3；Y101 井区单井 EUR 为 0.7 亿～1.82 亿 m^3，平均单井 EUR 为 1.27 亿 m^3；H202 井区单井 EUR 为 0.56 亿～1.24 亿 m^3，平均单井 EUR 为 0.92 亿 m^3。

五、南川页岩气田

(一) 概况

南川页岩气田行政区划为重庆市南川区大部分地区和万盛区、贵州省道真县、桐梓县、正安县的部分地区，区块总面积 1050.135km^2。构造位置处于四川盆地川东高陡构造带南部，为四川盆地与盆外复杂褶皱带的过渡区。该区经历了加里东期、海西期、印支期、燕山期、喜马拉雅期等多期构造运动，构造变形较强烈，其中以燕山期雪峰山逆冲推覆作用和喜马拉雅期抬升剥蚀作用影响最为显著，形成了“四隆夹三凹”的构造格局(图 2-3-33)。

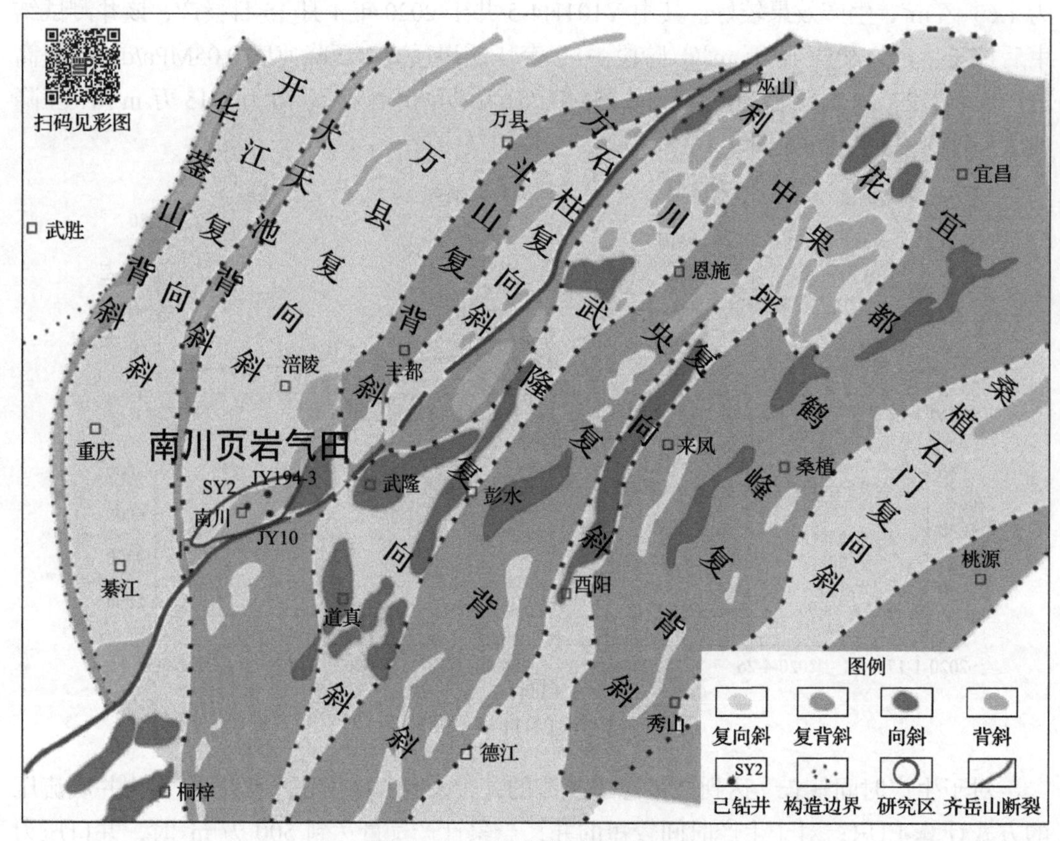

图 2-3-33　南川页岩气田位置图

南川地区地层发育较全，除缺失泥盆系、石炭系外，奥陶系至侏罗系均有发育。区内页岩主要发育于上奥陶统五峰组—下志留统龙马溪组、下寒武统水井沱组、上二叠统吴家坪组。

五峰组—龙马溪组为该区页岩气勘探的主要目的层，往南逐渐抬升至地表，页岩埋深以 1800～4500m 为主，具有自东向西、从南向北逐步变深的规律。五峰组厚度较薄，厚度一般为 3～6m。龙马溪组厚度一般在 330～380m，纵向上可进一步将其细分为三个岩性段，即自下而上为龙一段、龙二段、龙三段。五峰组—龙一段为页岩气富集层段，厚度主要介于 100～130m，总体具有由北向南逐渐增厚的趋势。

截至 2020 年底已有 85 口井投入开发，累计提交探明地质储量 1989 亿 m^3，建成产能 15.6 亿 m^3，累计生产页岩气 30 亿 m^3。

(二) 勘探历程

南川页岩气田矿权隶属于渝黔南川页岩气勘查区，是中国石油化工股份有限公司华东油气分公司于 2011 年 7 月通过国土资源部第一轮“招拍挂”获得的页岩气专属区块。2011 年以前，该区是油气勘探的空白区，只开展了少量的区域地质调查工作。

1. 调查阶段(2011～2012 年)

启动南川及周缘地区五峰组—龙马溪组野外地质调查工作，观察和测量露头剖面 53 条，明确了五峰组—龙马溪组沉积特征及展布规律；开展了野外构造剖面观察 120km/4 条，部署二维地震 830km，初步明确了南川地区构造特征及构造格局。

2. 评价阶段(2013～2014 年)

开展“甜点”目标评价，优选南川断鼻部署 NY1 井。页岩埋深 4411m，钻探证实南川地区五峰组—龙马溪组具有良好的页岩气富集条件，但由于埋深大、地应力高，深层压裂工艺不适应，该井未实现勘探突破。

3. 突破阶段(2015～2016 年)

深化保存条件、地应力场研究，在 NY1 井钻探认识基础上，部署三维地震 263km^2，评价出平桥背斜、东胜背斜为有利勘探目标，部署 JY194-3、SY1 等井，测试日产气 14.4 万～34.3 万 m^3，实现了勘探突破，在平桥背斜提交探明地质储量 543.06 亿 m^3。

4. 扩大突破阶段(2017～2018 年)

建立反向逆断层遮挡型成藏模式，优选平桥南斜坡部署 JY10 井，地层压力系数为 1.18，优质页岩段静态指标良好，水平井测试获 19.6 万 m^3/d 商业气流，实现了常压页岩气重大突破。

5. 商业发现阶段(2019～2021 年)

向西、向南滚动勘探，部署探评井 13 口，五峰组—龙马溪组地层压力系数为 1.1～1.3，试获 7.1 万～32.8 万 m^3/d 商业气流，落实了平桥、东胜两个千亿方增储区带，2020 年东胜区块提交探明地质储量 1446.58 亿 m^3，标志着我国首个常压页岩气田正式诞生(蔡勋高等，2021)。目前，气田已累计提交探明地质储量 1989 亿 m^3，建产能 15.6 亿 m^3，累计生产页岩气 30 亿 m^3，成为国内最大的常压页岩气生产基地。

(三) 成藏条件

1. 页岩气有机地球化学特征

南川地区五峰组—龙马溪组页岩 TOC 主要分布在 0.8%～7.42%，平均为 1.95%，中值为 1.92%。有机质以Ⅰ型干酪根为主，其母质来源主要为菌藻类等低等生物。R_0 分布在 2.50%～2.97%，平均为 2.64%，中值为 2.58%，表明五峰组—龙马溪组页岩进入过成熟阶段，以干气阶段为主。

2. 页岩储层特征

五峰组—龙马溪组为南川地区页岩气勘探的主要目的层段。五峰组厚度较薄，一般为 3～6m。

五峰组划分为上、下两个岩性段。五峰组下段(硅质页岩段)，厚度一般在 3～5.6m，岩性主要为硅质页岩。岩石中笔石含量 40%左右，部分高达 60%，另有少量腕足类等化石，局部见较多硅质放射虫。水平纹层发育，常见分散状黄铁矿晶粒。五峰组上段(观音桥段)，厚度一般在 0～0.4m，主要在东胜及以西地区发育，呈北西—南东向展布，岩性为灰黑色含云质泥岩、灰质泥岩，未见典型赫南特贝化石。

龙马溪组划分为三段，龙一段岩性为硅质页岩、含黏土硅质页岩、硅质黏土页岩、含硅黏土页岩。页岩普遍见黄铁矿条带及分散状黄铁矿晶粒，总体反映缺氧、滞留、还原深水陆棚—半深水陆棚沉积环境(聂海宽和张金川，2011；聂海宽等，2016)，有利于有机质形成、富集和保存。该套页岩自上而下具有岩石颜色由浅变深、笔石含量逐渐增多的特点，与大量笔石共生的硅质放射虫及硅质化石含量总体具有自上而下逐渐增多的特征。龙二段岩性以含粉砂黏土页岩为主，厚度为 28～40m，属于浅水陆棚沉积。龙三段岩性以粉砂质黏土页岩为主，厚度为 150～180m。泥页岩呈块状，页理不发育，岩石中偶见笔石化石碎片，黄铁矿含量较少，属于浅水陆棚沉积。

南川地区五峰组—龙马溪组页岩主要为薄层或块状产出的暗色或黑色细颗粒的沉积岩，五峰组—龙一段矿物成分以黏土矿物、石英为主，其次为碳酸盐矿物、长石、黄铁矿，脆性矿物含量为 11.2%～90.1%，平均为 53.4%，中值为 52.7%，黏土矿物以伊蒙混层和伊利石为主，其次为绿泥石。

南川地区五峰组—龙马溪组优质页岩储层类型以有机孔、无机孔、裂缝为主(图 2-3-34)，孔隙度总体表现为低孔的特点，有效储层段平均为 3.39%；渗透率总体表现为特低渗的特点，介于 0.00001～1.2337mD；实验分析总含气量平均为 4.25m^3/t，总体反映区内总含气量较高。

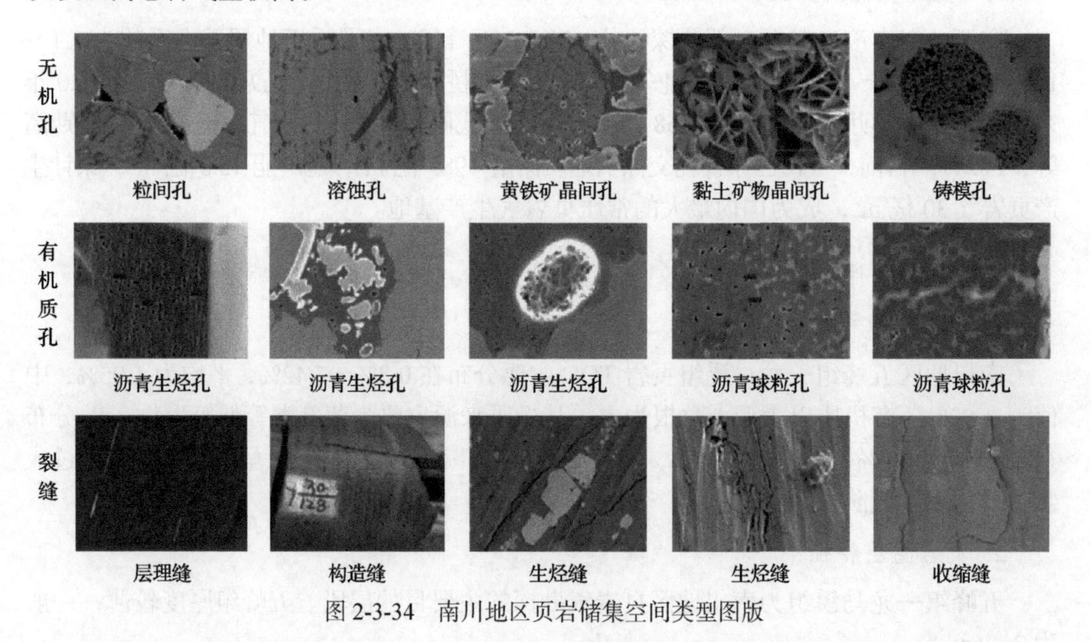

图 2-3-34　南川地区页岩储集空间类型图版

3. 页岩气保存条件

南川地区经过多期构造演化，现今构造格局主要定型于燕山中期(J_3—K_1)，构造行迹以北东向为主，由于边界控制的缘故，构造由北东向高陡冲断演变成南北向左旋走滑。

南川地区主要发育两组断裂，北东向断裂向南呈帚状展布，南北向断裂使南川区块具东西分带特征。齐岳山断层在南川地区没有统一边界，由龙济桥断层、平桥西断层、青龙乡断层分段组成。根据断裂级次、构造形态，南川地区自东向西划分为石桥白马向斜带、东胜平桥复背斜带、神童坝向斜带、阳春沟背斜带四个构造带。

南川地区五峰组—龙一段页岩气层具有良好的顶底板条件。五峰组—龙一段页岩气层顶底板与页岩气层层位连续沉积；顶底板厚度大，展布稳定，岩性致密，突破压力高，封隔性好。五峰组—龙一段页岩气层顶板为龙二段发育的深灰色泥岩，厚度为 28～40m，地层突破压力高达 70.0MPa；底板为临湘组和宝塔组连续沉积的灰色瘤状灰岩，厚度为 30～50m，基质孔隙度为 1.3%～1.6%，区域上分布稳定。

五峰组—龙一段其上沉积了小河坝组—韩家店组深灰色和灰色、灰绿色泥岩，粉砂质泥岩，泥质粉砂岩，其分布面积较为广泛，且累积厚度大，厚度一般在 740～980m，反映了该套区域盖层封闭能力稳定和封盖面积大，对五峰组—龙一段页岩层系保持稳定的温度和压力场具有重要作用，是一套良好的区域盖层。

（四）气藏特征

1. 气藏要素分析

南川页岩气田五峰组—龙一段天然气藏为典型的自生自储式连续型页岩气藏，页岩埋深介于 1800～4500m，气藏中部平均埋深为 3075～3741m，属于中深层—深层页岩气藏；根据气田地质特点及试气试采特征，气藏驱动类型为弹性驱动；五峰组—龙马溪组的地层压力系数为 1.1～1.30，为常压气藏；地层温度为 89.8～122.0℃，地温梯度为 2.35～2.54℃/100m，属正常地温梯度；天然气相对密度为 0.559～0.602，平均为 0.574，气体成分以甲烷为主，甲烷含量平均为 98.38%，不含硫化氢。根据以上特征，南川页岩气田五峰组—龙马溪组气藏为弹性气驱、中深层—深层、不含硫化氢、干气、常温、常压页岩气藏（图 2-3-35）。

2. 气藏产能分析

南川页岩气田水平井井距 300～500m，水平段长平均 1538m，新建产能 15.6 亿 m^3。测试井 30 口，产量 6.4 万～89.5 万 m^3/d，平均 21.94 万 m^3/d；测试套压 10.6～30.0MPa，平均 19.10MPa。投产井 85 口，归一化日产气 6 万～8 万 m^3，稳定生产 2 年，区块累计产气 30 亿 m^3（图 2-3-36）。最早投产的平桥区块投产初期平均日产气量 7.5 万 m^3，平均套压 23.45MPa，目前日产气量 4.44 万 m^3，套压 7.31MPa，压力保持程度 31.1%。

平桥南区递减逐渐变快，其中 2019 年拟合递减率 42.8%，2020 年递减率 35.36%，2021 年老井产气 9.88 亿 m^3（图 2-3-37）。

JY197-3HF 井产层井段 2897.3～3073.5m，试气段长 1066m，原始地层压力 42.4MPa，12mm 测试稳定套压 13.8MPa，测试日产量 20.9 万 m^3，累计产气 4600 万 m^3（图 2-3-38）。2020 年 5 月关井压恢 30 天，测算目前地层压力 18.02MPa，地层压力保持水平 42.5%，拟合 EUR 为 0.91 亿 m^3，压力保持水平与可采储量采出程度（44.2%）接近，表明开发能量保持较好。

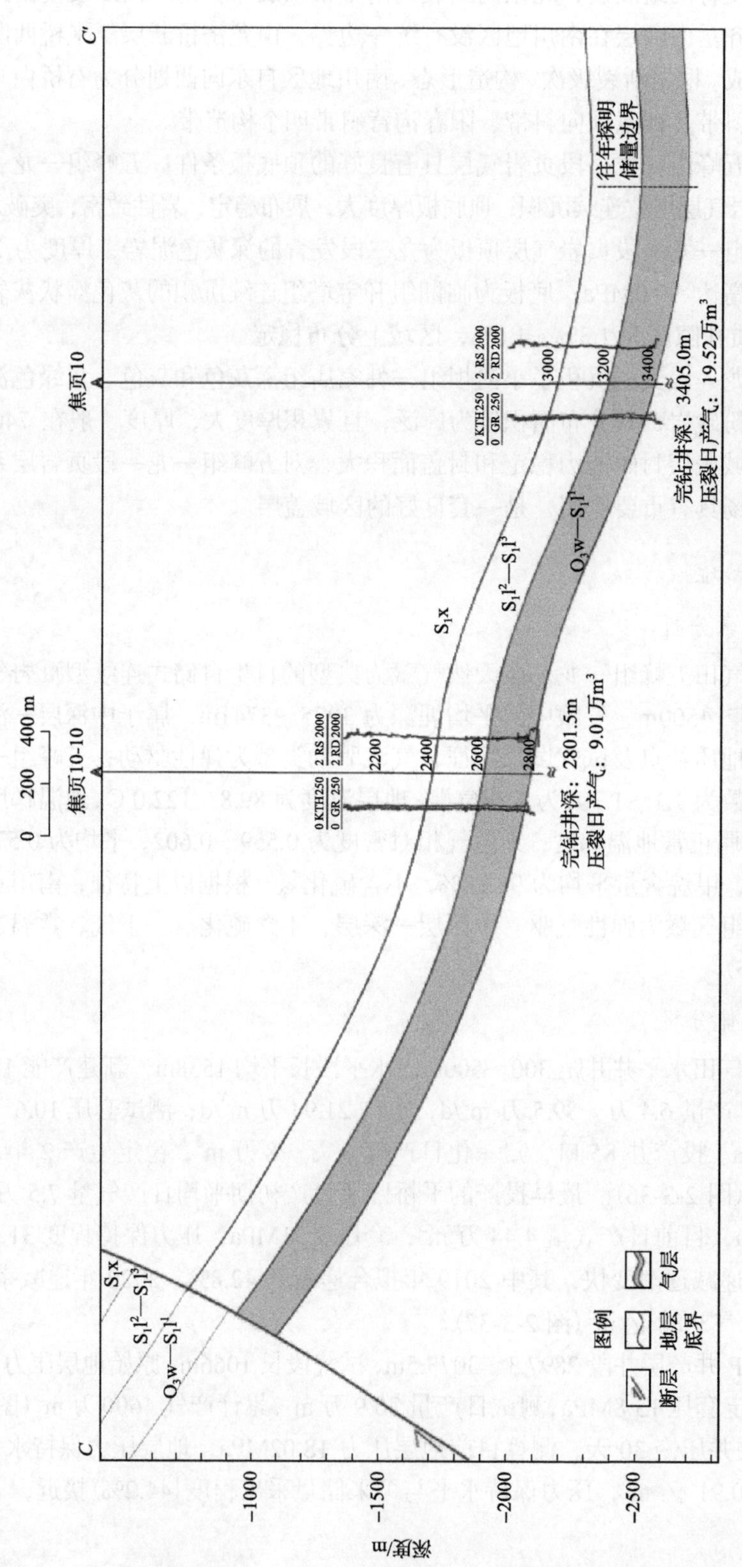

图2-3-35 南川页岩气田五峰组—龙马溪组过焦页10-10—焦页10气藏剖面图

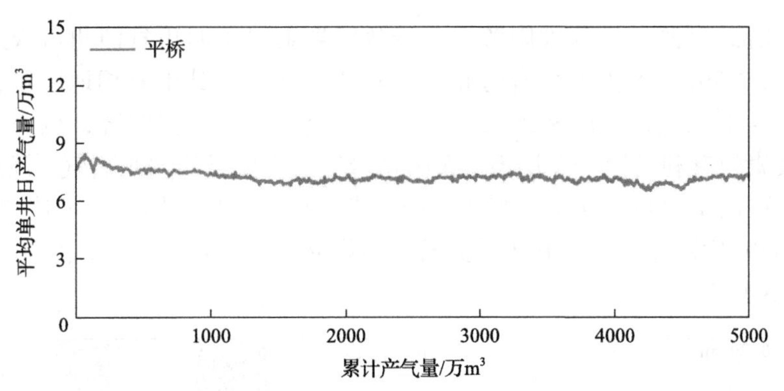

图 2-3-36 单井归一化生产曲线

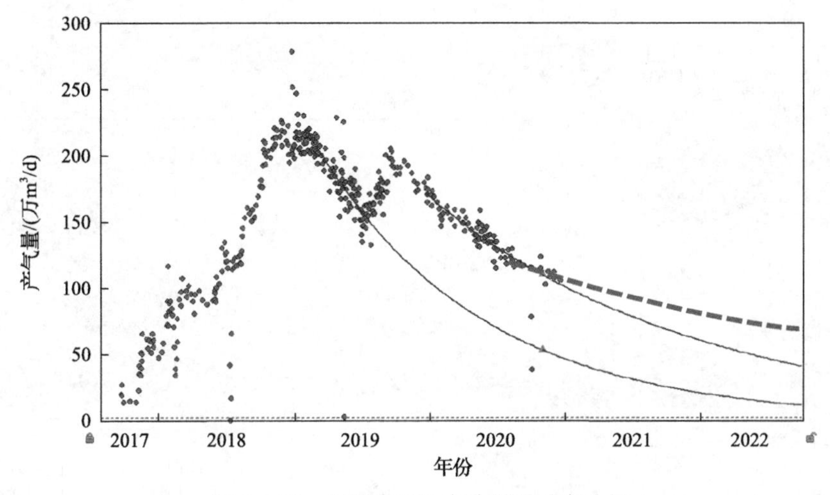

图 2-3-37 平桥南区生产曲线递减率分析

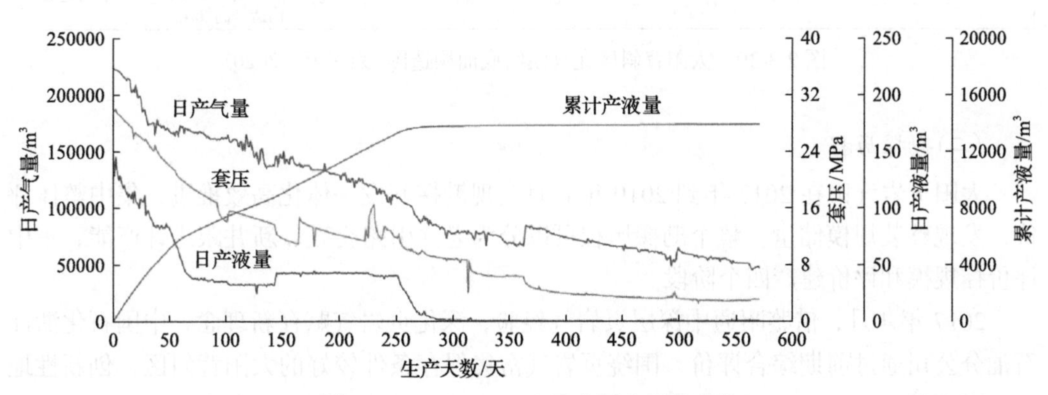

图 2-3-38 JY197-3HF 生产历史拟合曲线

六、太阳页岩气田

(一)概况

太阳页岩气田位于四川盆地南部，构造位置处于四川盆地川南低陡构造带与滇黔北坳陷(北部)过渡部位的太阳背斜，行政区划隶属于四川省泸州市叙永县、古蔺县境内(图 2-3-39)。区内发育有海相与陆相两套地层，其中海相地层包含震旦系、古生界及中—下三叠统，陆相地层包含上三叠统及中—下侏罗统，以海相五峰组—龙马溪组页岩为有利勘探开发层系。太阳页岩气田主要是浅层页岩气，浅层页岩气钻井周期短，可以实现当年评价、当年建产、当年见效，投资回报率可达到预期的 8% 基准线。2020 年太阳页岩气田已提交探明地质储量 1359.5 亿 m^3，产气 4.42 亿 m^3，累计产气 5.92 亿 m^3。

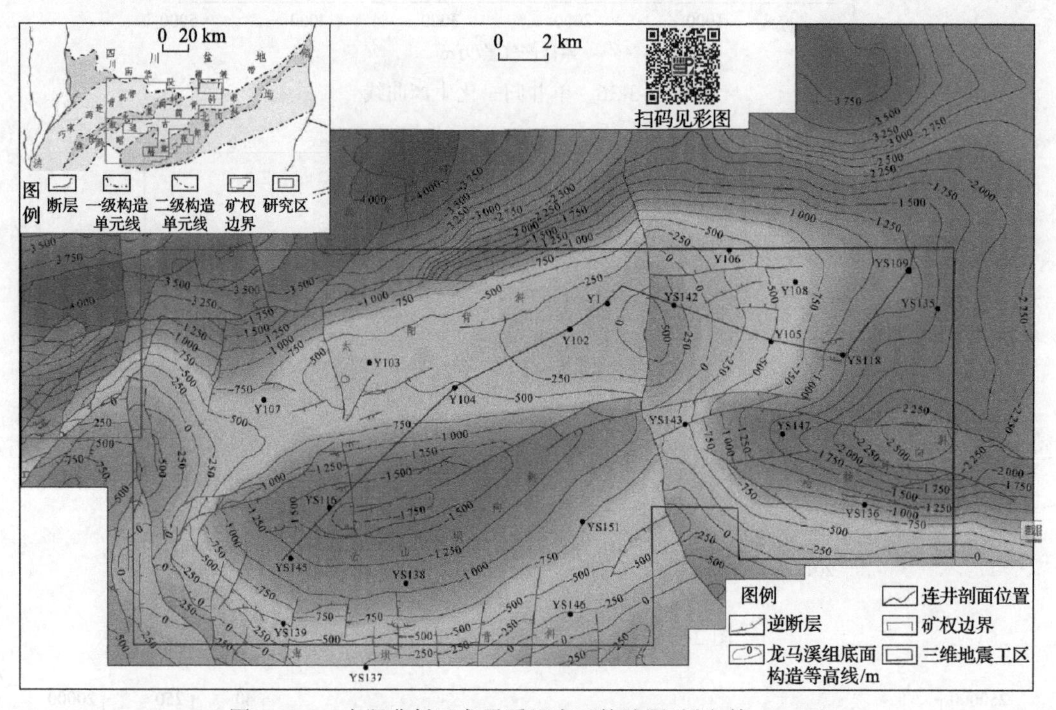

图 2-3-39 太阳背斜区龙马溪组底面构造图(梁兴等，2020)

(二)勘探历程

太阳页岩气田在 2017 年到 2019 年 6 月实现勘探开发一体化高效推进，集中整体评价，发现整装规模储量。整个勘探历程可以分为老井引路突破、新井跟进评产能、集中评价控规模和评价建产四个阶段。

2017 年 4 月，借鉴昭通中深层页岩气经验，深化页岩气赋存新理念，中国石化浙江石油分公司通过前期综合评价，围绕页岩气富集保存条件较好的太阳背斜区，创新性地开展了埋深小于 1000m 的浅层页岩气老井复查工作，先后优选了前期风险探井 Y1 井和 Y102 井，在过路的浅层龙马溪组发现了浅层页岩气，2017 年底在太阳背斜区部署实施了 Y103 和 Y105 两口评价井(直井)，在 800m 埋深龙马溪组获得了浅层页岩气突破；2018～2019 年，试验跟进持续深化产能评价，钻探 Y107H1-2 井，进行 Y102H1-1 水平井产能评价试验，之后整体部署评价井 17 口，投产井均获工业气流，水平井平均 6.3 万 m^3/d(图 2-3-40)；

落实了千亿方级规模整装储量，推进了开发方案编制，最终落实有力建产面积 372km²，建成约 8 亿 m³ 产能。

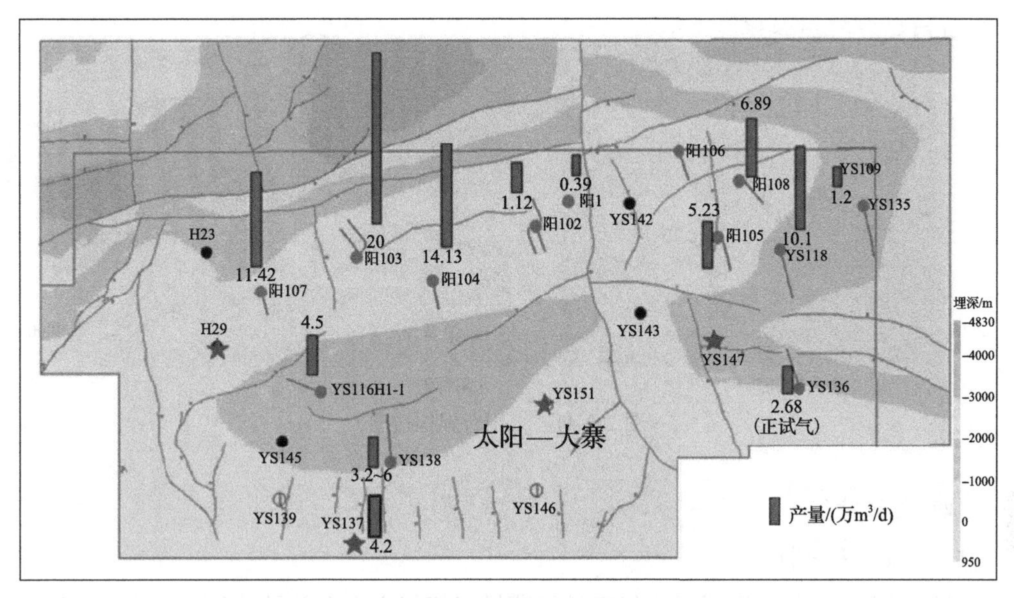

图 2-3-40 太阳—大寨试气产量平面图

（三）基本地质特征

1. 页岩有机地球化学特征

五峰组—龙一段页岩储层实验测试及测井解释 TOC 整体较高，TOC 为 2%～7.2%，显示具有较好的页岩气生成条件，纵向上各小层由下至上呈下降趋势。室内岩心干酪根镜检表明干酪根显微组分以腐泥组为主，含量介于 75%～86%，平均为 79.9%，为 $Ⅱ_1$ 型有机质。太阳背斜五峰组—龙一段页岩储层有机质成熟度介于 1.99%～3.08%，平均为 2.41%，处于过成熟干气阶段。

2. 页岩储集特征

太阳背斜五峰组—龙马溪组页岩储层储集空间类型复杂多样，主要包括粒间孔、粒内溶孔、晶内溶孔、晶间孔、有机质孔、生物孔和微裂缝。微裂缝主要包括构造缝（张裂缝和剪裂缝）、页理缝、层间滑移缝，工区主要发育南北向和北东向的两组裂缝，受二级、三级断裂展布控制明显。储层厚度为 27～37m，有效孔隙度为 3%～4.5%；太阳背斜五峰组—龙一 1 亚段页岩储层脆性矿物含量整体超过 60%，储层整体具备较好的可压性。储层含气量在 1.8～8.3m³/t，纵向上各小层含气量依然由下至上呈整体下降趋势，龙一$_1^1$小层含气量最高，其次为五峰组。

3. 页岩气保存条件

太阳—大寨地区地层连续稳定，构造呈“三洼一隆”形态，整体保存条件良好（图 2-3-41）；龙马溪组主体埋深较浅，500～2000m 占比约 65%。

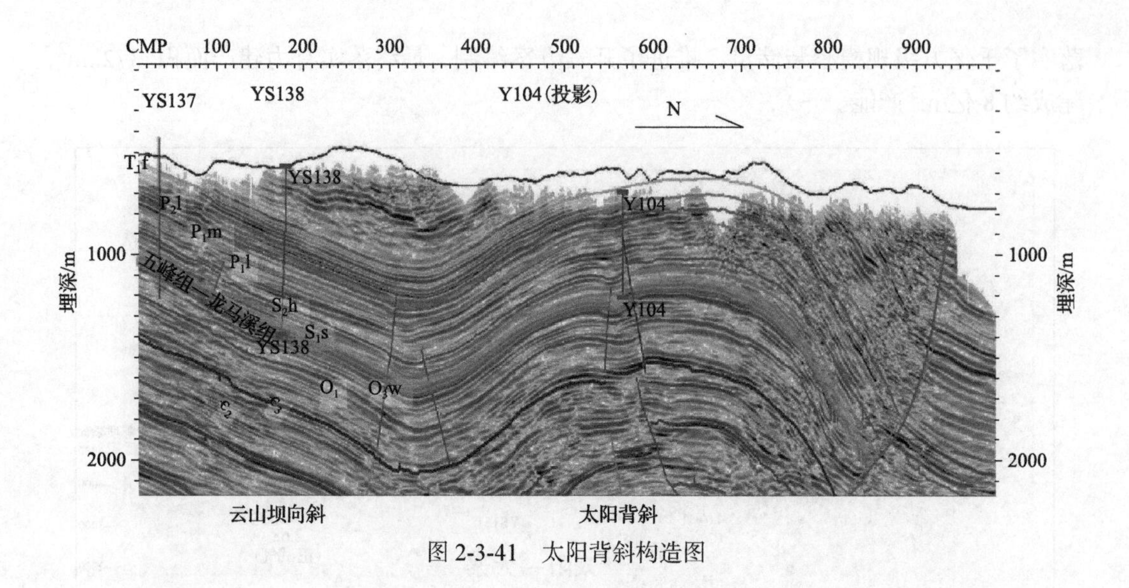

图 2-3-41 太阳背斜构造图

(四)气藏特征

1. 气藏要素分析

浅层页岩气田与中深层页岩气田的气藏模式相似之中有差异，具有埋深浅、压力系数较高、井口压力低、初期产量低、后期递减缓慢、稳产时间长的特点，吸附气比例高于中深层(表 2-3-6)。

表 2-3-6 浅层与中深层页岩气藏差异对比表

参数	浅层	中深层
埋深/m	500～2000	2000～3500
裂缝发育程度	较高	较低
地层压力系数	1.2～1.4	1.5～2.2
水平应力差/MPa	5～15	10～20
首年日产气/万 m^3	2.8～5	2～10

太阳页岩气田的气体成分以甲烷为主，含量为 91.19%～97.64%，低含二氧化碳，含量为 0.06%～0.24%。

2. 气藏产能分析

浅层页岩气田首年采出 EUR 的 27%，前 3 年采出 EUR 的 54%，5 年采出 EUR 的 68%，与中深层特征一致。

第一口评价井 Y102H1-1 井，水平段 750m，垂深 801m，Ⅰ类储层占比 94.9%，水平段平均 TOC 为 4.5%，孔隙度为 3.6%，含气量为 $3.5m^3/t$，测试产量为 9.29 万 m^3/d，试采一年半，稳定生产 3 万 m^3/d；Y102 井井深 780.0m，TOC＞2.0%，有效孔隙度约 3.4%，

总含气量平均为 2.4m^3/t，试气 0.96 万～1.12 万 m^3/d；Y107H1-2 井水平段 689m，垂深 1120m，I 类储层占比 93.8%，水平段平均 TOC 为 4.1%，孔隙度为 4.5%，含气量为 3.8m^3/t，测试产量 11.4 万 m^3/d。

第四节　页岩气富集模式

根据现今气藏保存样式，结合抬升剥蚀、断褶作用的强弱，目前页岩气田按照主要富集模式不同可大致划分为三类，第一类是背斜型页岩气田，代表是涪陵页岩气田、南川页岩气田及太阳页岩气田；第二类是向斜型页岩气田，代表是长宁页岩气田和泸州页岩气田；第三类是斜坡型页岩气田，代表是威远页岩气田。

一、焦石坝背斜型富集模式

焦石坝地区位于川东万县复向斜焦石坝背斜，焦石坝背斜为宽缓背斜(图 2-4-1)，构造变形弱，面积约 400km^2，受北东、北西向断裂围限，地层倾角 5°，断层不发育，页岩地层相对连续，断层少，发育深水陆棚相富有机质页岩集中段，横向分布稳定。上覆龙马溪组黏土质页岩，下伏涧草沟组灰岩，利于页岩气保存。

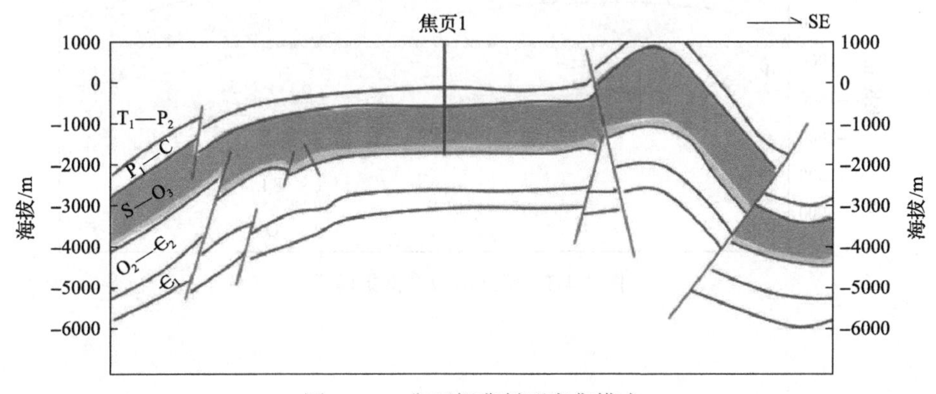

图 2-4-1　焦石坝背斜型富集模式

二、长宁向斜型富集模式

长宁地区位于盆山结合部复杂构造区，远离断层的浅洼相对富集(图 2-4-2)。长宁建武向斜为负向构造背景下的浅洼，地层平缓，相对富集；西部为深洼区，古埋深和现今埋深均较大，过高的成熟度不利于页岩气富集。建武向斜内部含气性受北东向喜马拉雅期断裂影响明显，近断裂区域含气饱和度较低。

三、威远斜坡型富集模式

威远地区位于盆内加里东古隆起附近弱构造变形区域，远离古剥蚀线的斜坡部位均可富集(图 2-4-3)。威远斜坡区构造简单，斜坡区持续受到深部烃源补给。持续位于古隆起附近，古埋深、热演化程度、构造变形强度均为川南最低。远离古剥蚀线、Ⅰ类储层连续厚度较大区域均是有利富集区带。

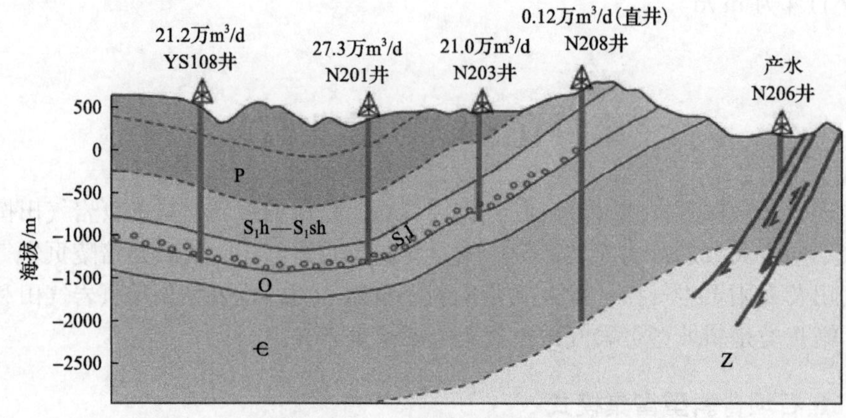

图 2-4-2　长宁向斜型富集模式

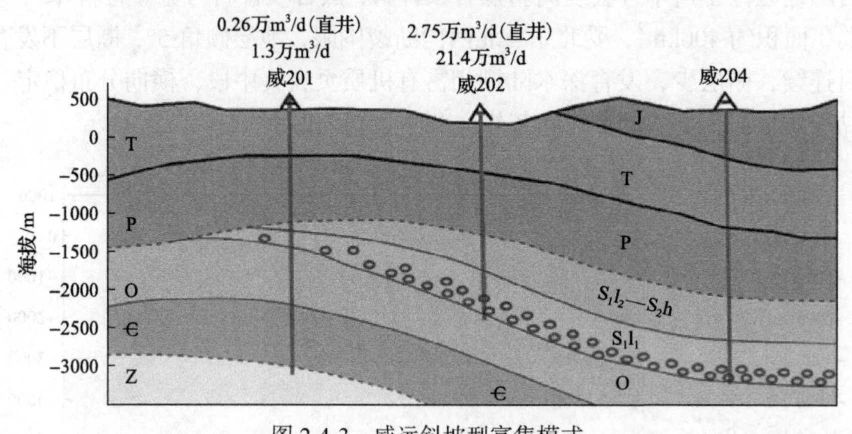

图 2-4-3　威远斜坡型富集模式

第三章

页岩气资源评价

第一节　现有资源评价结果

近年来，我国页岩气资源勘探开发工作迅速推进，在国内页岩气资源条件、成藏特征及开采条件等方面取得了一系列新认识、新成果。以往只有中石油和美国能源信息署对页岩气资源丰富的四川盆地开展过资源评价，缺乏全国范围内全面的页岩气资源评价，因此有必要在全国范围内开展页岩气资源评价，以科学指导我国后续页岩气勘探开发工作。2014～2015 年，由国土资源部油气资源战略研究中心牵头，中石油、中石化、延长石油、中国地质大学(北京)等企事业单位参加，开展了全国页岩气资源评价工作。评价涉及 19 个含气盆地(地区)、10 个层系。其中，中石油、中石化及中国地质大学(北京)评价了四川盆地及周缘的页岩气资源，得出地质资源量为 53.38 万亿 m^3，可采资源量为 9.77 万亿 m^3。

从层系上看，四川盆地及周缘地区页岩气资源量主要分布在下古生界的寒武系、志留系，上古生界的二叠系，中生界的侏罗系。其中，下古生界为海相页岩气，地质资源量为 38.95 万亿 m^3，占四川盆地及周缘地区地质资源量的 72.97%，可采资源量为 7.84 万亿 m^3，占四川盆地及周缘地区可采资源量的 80.25%；上古生界为海陆过渡相页岩气，地质资源量为 8.75 万亿 m^3，占四川盆地及周缘地区地质资源量的 16.39%，可采资源量为 0.90 万亿 m^3，占四川盆地及周缘地区可采资源量的 9.21%；中生界为陆相页岩气，地质资源量为 5.68 万亿 m^3，占四川盆地及周缘地区地质资源量的 10.64%，可采资源量为 1.03 万亿 m^3，占四川盆地及周缘地区可采资源量的 10.54%(表 3-1-1，图 3-1-1、图 3-1-2)。

表 3-1-1　四川盆地及周缘地区页岩气资源量层系及沉积相分布表　(单位：万亿 m^3)

层系		沉积相	资源量	概率分布		
				P_5	P_{50}	P_{95}
中生界	侏罗系	陆相	地质资源量	9.89	5.68	3
			可采资源量	1.83	1.03	0.58
上古生界	二叠系	海陆过渡相	地质资源量	15.21	8.75	4.08
			可采资源量	1.57	0.9	0.42

续表

层系		沉积相	资源量	概率分布		
				P_5	P_{50}	P_{95}
下古生界	志留系	海相	地质资源量	50.87	29.68	14.76
			可采资源量	10.38	6.06	2.98
	寒武系		地质资源量	17.61	9.27	5.03
			可采资源量	3.4	1.78	0.96
合计			地质资源量	93.58	53.38	26.87
			可采资源量	17.18	9.77	4.94

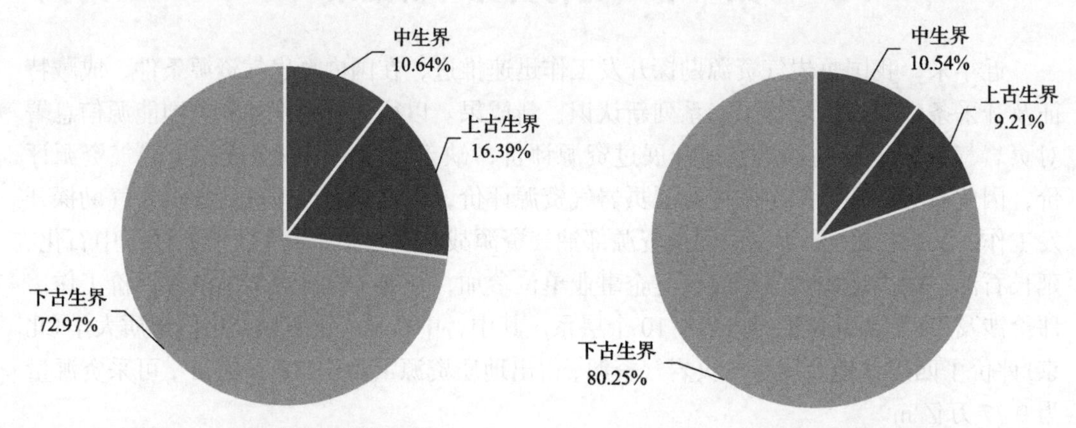

图 3-1-1 四川盆地及周缘地区页岩气地质资源量层系分布

图 3-1-2 四川盆地及周缘地区页岩气可采资源量层系分布

从省际分布来看，页岩气资源量主要分布在四川省、重庆市、湖北省、贵州省、湖南省和云南省。其中，四川省页岩气地质资源量为 30.90 万亿 m^3，占四川盆地及周缘地区地质资源量的 57.89%，可采资源量为 5.48 万亿 m^3，占四川盆地及周缘地区可采资源量的56.07%；重庆市页岩气地质资源量为 15.05 万亿 m^3，占四川盆地及周缘地区地质资源量的 28.19%，可采资源量为 2.86 万亿 m^3，占四川盆地及周缘地区可采资源量的 29.28%；湖北省页岩气地质资源量为 2.90 万亿 m^3，占四川盆地及周缘地区地质资源量的 5.43%，可采资源量为 0.55 万亿 m^3，占四川盆地及周缘地区可采资源量的 5.63%；贵州省页岩气地质资源量为 2.75 万亿 m^3，占四川盆地及周缘地区地质资源量的 5.15%，可采资源量为 0.53 万亿 m^3，占四川盆地及周缘地区可采资源量的 5.43%；湖南省页岩气地质资源量为 1.02 万亿 m^3，占四川盆地及周缘地区地质资源量的 1.91%，可采资源量为 0.20 万亿 m^3，占四川盆地及周缘地区可采资源量的 2.05%；云南省页岩气地质资源量为 0.76 万亿 m^3，占四川盆地及周缘地区地质资源量的 1.42%，可采资源量为 0.15 万亿 m^3，占四川盆地及周缘地区可采资源量的 1.54%(表 3-1-2，图 3-1-3、图 3-1-4)。

表 3-1-2 四川盆地及周缘地区页岩气资源省际分布表 （单位：万亿 m^3）

省际	资源量	概率分布		
		P_5	P_{50}	P_{95}
四川省	地质资源量	56.97	30.90	15.15
	可采资源量	10.15	5.48	2.69
重庆市	地质资源量	25.66	15.05	7.07
	可采资源量	4.92	2.86	1.34
湖北省	地质资源量	4.44	2.90	1.78
	可采资源量	0.84	0.55	0.34
贵州省	地质资源量	4.13	2.75	1.59
	可采资源量	0.80	0.53	0.31
湖南省	地质资源量	1.36	1.02	0.73
	可采资源量	0.27	0.20	0.15
云南省	地质资源量	1.02	0.76	0.55
	可采资源量	0.20	0.15	0.11
合计	地质资源量	93.58	53.38	26.87
	可采资源量	17.18	9.77	4.94

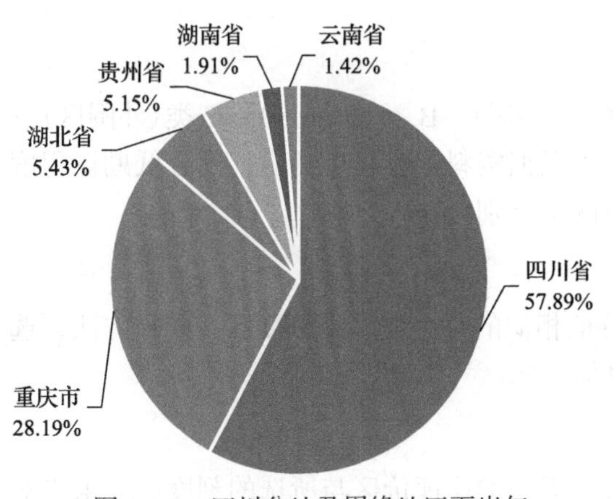

图 3-1-3 四川盆地及周缘地区页岩气地质资源量省际分布

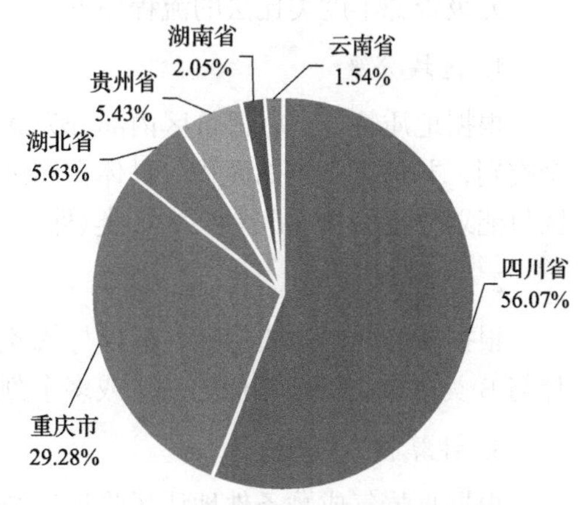

图 3-1-4 四川盆地及周缘地区页岩气可采资源量省际分布

第二节 资源评价方法

国内外用于页岩气资源评价的方法有很多种，适用于页岩气勘探开发的不同阶段。在 2014 年页岩气动态评价中，主要采用了成因法、类比法、EUR 法、容积法、总含气量法。随着对页岩气赋存规律的认识不断加深，成因法、容积法等适用性下降。目前使用的页岩气地质资源量的计算方法包括两大类：类比法和统计法。类比法包括分级资源丰度类比法和 EUR 类比法两种；统计法包括体积法和曲面积分法两种。

一、类比法

页岩气可采资源量是指在现行的经济和技术条件下，预期从某一具有明确物理边界的页岩范围内可能采出并具有经济意义的天然气数量。在实际可采资源量 Q_r 评价计算中，可直接由地质资源量 Q 与可采系数 k 相乘得到

$$Q_r = Qk$$

(一)分级资源丰度类比法

资源丰度类比法是目前国内常规油气资源评价最常用的方法之一。分级资源丰度类比法与常规资源丰度类比法的原理相同，是改进后的类比法，由于主要考虑了页岩气资源的非均质性，具体实施过程中与常规资源丰度类比法存在很大的差异。首先，对资源评价区进行地质评价和内部区块分级，依据页岩气形成的地质条件和地质评价结果，把评价区分成 A 类(核心区)、B 类(扩展区)、C 类(外围区)三个级别若干地质单元；其次，选择与所分类区地质特征相似的典型刻度区分别进行类比评价；最后，分别计算各评价区的对应相似系数、不同评价区的地质与可采资源量。该方法较一般类比法评价更为精细，能了解不同地质条件下的页岩气资源分布，利于有利区的优选。

分级资源丰度类比法的流程如下。

1. 区块分级

根据地质特征，将评价区内部分为 A 类(核心区)、B 类(扩展区)、C 类(外围区)三个类别，并估算各类的面积。具体实施过程中根据资料翔实程度而定，部分低勘探程度区只能划分出 B 类(扩展区)、C 类(外围区)两个类别。

2. 选择刻度区

根据核心区的地质特征，选择与 A 类特征相似的一个或多个刻度区；同样方法，选择与 B 类、C 类特征相似的一个或多个刻度区。

3. 计算相似系数

根据页岩气成藏条件地质风险评价结果，逐一类比评价区与所选的刻度区，求出对应相似系数。

计算公式如下：

$$\begin{cases} \alpha = R_{Ae} / R_{Ac} \\ \beta = R_{Be} / R_{Bc} \\ \delta = R_{Ce} / R_{Cc} \end{cases} \tag{3-2-1}$$

式中，α、β、δ 分别为 A 类区、B 类区和 C 类区与对应刻度区类比的相似系数；R_{Ae}、R_{Be}、R_{Ce} 分别为 A 类区、B 类区和 C 类区页岩气成藏条件地质评价结果(把握系数)；R_{Ac}、R_{Bc}、R_{Cc} 分别为 A 类区、B 类区和 C 类区对应的刻度区页岩气成藏条件地质评价结果(把

据系数)。

具体评价时，根据评价单元与刻度区的关键地质参数开展类比，如 TOC、成熟度、孔隙度、含气量、热解 S_1、脆性矿物含量等(表 3-2-1)。

表 3-2-1 页岩气类比评价指标体系关键参数表

成藏条件	生烃条件	储集条件	含气性	保存条件	可压裂性
关键参数	TOC、成熟度(R_o)	孔隙度	含气量(页岩气)、热解 S_1(页岩油)	压力系数	脆性矿物含量

4. 计算评价区地质资源量

1)面积资源丰度类比

根据相似系数和刻度区的面积资源丰度，求出评价区地质资源量。计算公式如下：

$$\begin{cases} Q_{i\text{p-c}} = \sum_{i=1}^{n}(A_{\text{c}i} \cdot Z_{\text{c}i} \cdot \alpha_i) \\ Q_{i\text{p-e}} = \sum_{i=1}^{m}(A_{\text{e}i} \cdot Z_{\text{e}i} \cdot \beta_i) \\ Q_{i\text{p-p}} = \sum_{i=1}^{k}(A_{\text{p}i} \cdot Z_{\text{p}i} \cdot \delta_i) \\ Q_{i\text{p}} = Q_{i\text{p-c}} + Q_{i\text{p-e}} + Q_{i\text{p-p}} \end{cases} \tag{3-2-2}$$

式中，$Q_{i\text{p}}$ 为评价区页岩气地质资源量，亿 m^3；$Q_{i\text{p-c}}$、$Q_{i\text{p-e}}$、$Q_{i\text{p-p}}$ 分别为 A 类区、B 类区和 C 类区页岩气地质资源量，亿 m^3；$A_{\text{c}i}$、$A_{\text{e}i}$、$A_{\text{p}i}$ 分别为 A 类区、B 类区和 C 类区第 i 个评价单元面积，km^2；$Z_{\text{c}i}$、$Z_{\text{e}i}$、$Z_{\text{p}i}$ 分别为 A 类区、B 类区和 C 类区第 i 个评价单元对应的刻度区页岩气资源面积丰度，亿 m^3/km^2；α_i、β_i、δ_i 分别为 A 类区、B 类区和 C 类区第 i 个评价单元与对应刻度区类比的相似系数；n、m、k 分别为 A 类区、B 类区和 C 类区对应的评价单元个数。

2)体积资源丰度类比

根据相似系数和刻度区的体积资源丰度，求出评价区地质资源量。计算公式如下：

$$\begin{cases} Q_{i\text{p-c}} = \sum_{i=1}^{n}(V_{\text{c}i} \cdot Z_{\text{c}i} \cdot \alpha_i) \\ Q_{i\text{p-e}} = \sum_{i=1}^{m}(V_{\text{e}i} \cdot Z_{\text{e}i} \cdot \beta_i) \\ Q_{i\text{p-p}} = \sum_{i=1}^{k}(V_{\text{p}i} \cdot Z_{\text{p}i} \cdot \delta_i) \\ Q_{i\text{p}} = Q_{i\text{p-c}} + Q_{i\text{p-e}} + Q_{i\text{p-p}} \end{cases} \tag{3-2-3}$$

式中，$V_{\text{c}i}$、$V_{\text{e}i}$、$V_{\text{p}i}$ 分别为 A 类区、B 类区和 C 类区第 i 个评价单元体积，km^3。

5. 计算评价区可采资源量

可采资源量的计算公式如下：

$$Q_{\text{r}} = Q_{i\text{p-c}} \cdot E_{\text{r-c}} + Q_{i\text{p-e}} \cdot E_{\text{r-e}} + Q_{i\text{p-p}} \cdot E_{\text{r-p}} \tag{3-2-4}$$

式中，$E_{\text{r-c}}$、$E_{\text{r-e}}$、$E_{\text{r-p}}$ 分别为对应刻度区页岩气平均可采系数。

分级资源丰度类比法使用的前提是：①评价区属于中低勘探程度，地质条件较清楚，评价单元面积或体积取值较可靠；②具备相似地质背景的刻度区数据库，刻度区资源丰度和可采系数可靠。

(二)EUR 类比法

EUR 是单井评估的最终可采储量的简称，指已经生产多年以上的开发井，根据产能递减规律，运用趋势预测方法，评估该井的最终可采储量。EUR 类比法是由已开发井 EUR 通过类比推测评价区单井平均 EUR，然后计算出评价区页岩气资源量的方法。计算步骤如下。

1. 评价区分类

根据地质特征，将评价区内部分为 A 类(核心区)、B 类(扩展区)、C 类(外围区)三类，并估算各类的面积。

2. 选择单井 EUR 刻度区

根据核心区的地质特征，为 A 类区选择具有相似特征的一个或多个刻度区；同样方法，为 B 类、C 类区选择具有相似特征的一个或多个刻度区。

3. 关键参数确定

(1)分别统计 A 类、B 类和 C 类刻度区的 EUR，确定 EUR 均值、方差、最小值和最大值，求出 EUR 概率分布曲线。

(2)分别统计 A 类、B 类和 C 类刻度区的平均井控面积和采收率(可采系数)。

4. 计算评价区可采资源量

页岩气可采资源量的计算公式如下：

$$\begin{cases} Q_{\mathrm{r}} = Q_{\mathrm{r\text{-}c}} + Q_{\mathrm{r\text{-}e}} + Q_{\mathrm{r\text{-}p}} \\ Q_{\mathrm{r\text{-}c}} = \mathrm{EUR_c} \cdot A_{\mathrm{c}} / W_{\mathrm{c}} \cdot D_{\mathrm{c}} \\ Q_{\mathrm{r\text{-}e}} = \mathrm{EUR_e} \cdot A_{\mathrm{e}} / W_{\mathrm{e}} \cdot D_{\mathrm{e}} \\ Q_{\mathrm{r\text{-}p}} = \mathrm{EUR_p} \cdot A_{\mathrm{p}} / W_{\mathrm{p}} \cdot D_{\mathrm{p}} \end{cases} \tag{3-2-5}$$

式中，$Q_{\mathrm{r\text{-}c}}$ 为 A 类区页岩气可采资源量，亿 $\mathrm{m^3}$；$Q_{\mathrm{r\text{-}e}}$ 为 B 类区页岩气可采资源量，亿 $\mathrm{m^3}$；$Q_{\mathrm{r\text{-}p}}$ 为 C 类区页岩气可采资源量，亿 $\mathrm{m^3}$；$\mathrm{EUR_c}$、$\mathrm{EUR_e}$、$\mathrm{EUR_p}$ 为分别为 A 类区、B 类区和 C 类区对应刻度区 EUR 均值，亿 $\mathrm{m^3}$；A_{c}、A_{e}、A_{p} 分别为 A 类区、B 类区和 C 类区的面积，$\mathrm{km^2}$；W_{c}、W_{e}、W_{p} 分别为 A 类区、B 类区和 C 类区对应刻度区平均井控面积，$\mathrm{km^2}$；D_{c}、D_{e}、D_{p} 分别为 A 类区、B 类区和 C 类区对应刻度区探井成功率，小数。

5. 计算评价区地质资源量

地质资源量的计算公式如下：

$$Q_{\mathrm{ip}} = Q_{\mathrm{r\text{-}c}} / E_{\mathrm{r\text{-}c}} + Q_{\mathrm{r\text{-}e}} / E_{\mathrm{r\text{-}e}} + Q_{\mathrm{r\text{-}p}} / E_{\mathrm{r\text{-}p}} \tag{3-2-6}$$

EUR 类比法使用的前提条件是：具备相似地质条件的刻度区，可类比获得 EUR、井控面积、可采系数等数据。

二、统计法

（一）体积法

1. 地质资源量计算

页岩气地质资源量是由总含气量、富有机质页岩面积、厚度估算获得。计算公式如下：

$$Q_{i\mathrm{p}} = 0.01 \times \sum_{i=1}^{n}(A_i \cdot h_i \cdot \rho_i \cdot C_{\mathrm{t}i}) \tag{3-2-7}$$

式中，A_i 为第 i 个评价单元面积，km^2；h_i 为第 i 个评价单元富有机质页岩有效厚度，m；ρ_i 为第 i 个评价单元富有机质页岩岩石密度，$\mathrm{t/m}^3$；$C_{\mathrm{t}i}$ 为第 i 个评价单元富有机质页岩含气量，m^3/t 岩石；n 为评价区划分出的评价单元个数。

参数确定：在勘探开发程度较高或资料较丰富的页岩气区，含气量、孔隙度等参数均应来源于实测数据或由实测数据标定的测井解释结果。缺乏实际数据的情况下，可由类比法等获得。

2. 可采资源量计算

页岩气可采资源量由各评价单元地质资源量乘以可采系数获得，计算公式如下：

$$Q_{\mathrm{r}} = \sum_{i=1}^{n}(Q_i \cdot E_{\mathrm{r}i}) \tag{3-2-8}$$

式中，Q_i 为第 i 个评价单元页岩气地质资源量，亿 m^3；$E_{\mathrm{r}i}$ 为第 i 个评价单元页岩气可采系数。

可采系数确定：具备相似地质背景的刻度区数据库，通过类比法获得。

体积法使用的前提条件是：①评价区属于中低勘探程度，地质条件较清楚，评价单元面积、厚度、岩石密度等参数取值较可靠；②具备相似地质背景的刻度区数据库，刻度区含气量和可采系数可靠。

（二）曲面积分法

该方法是基于体积法公式，结合“三次样条曲面”二重积分求体积的方法，计算页岩气资源量。

1. 计算原理

传统的体积法计算资源量过程中，将不均质的储层近似地看作均质的几何体，参数取值时采用平均值，这样的计算过程简单，但是无法体现结果在平面上的变化。

曲面积分法通过构建空间 (x, y) 处的厚度函数 $H(x,y)$ 和孔隙度函数 $\varphi(x,y)$ 或含气量

函数 $C(x,y)$ 等相关参数的函数，反映各项计算参数在空间上的变化，充分考虑页岩油气资源的非均质性，最终能够展现结果在平面上的变化。

2. 计算过程

1）划分网格构建函数

如图 3-2-1 所示，将评价区投影到平面坐标系 (x,y) 上，假定图中画圈范围为评价区，划定矩形网格（m 行 n 列），能够得到平面上的交叉点 P_{ij}（i=0,1,…,m；j=0,1,…,n），任意交叉点 P_{ij} 的厚度 H_{ij}、孔隙度 φ_{ij} 或含气量 C_{ij} 已知。用点 $P_{ij}=\{x_{ij},y_{ij}\}$ 和 $z_{ij}=H_{ij}\times\varphi_{ij}$ 或 $z_{ij}=H_{ij}\times C_{ij}$ 为控制点，拟合一个三次样条曲面。由于三次 z 样条曲面函数不是简单的函数，其严格的数学表达非常复杂，这里只用 $z=H(x,y)\varphi(x,y)$ 或 $z=H(x,y)C(x,y)$ 代表拟合的三次样条曲面函数公式。

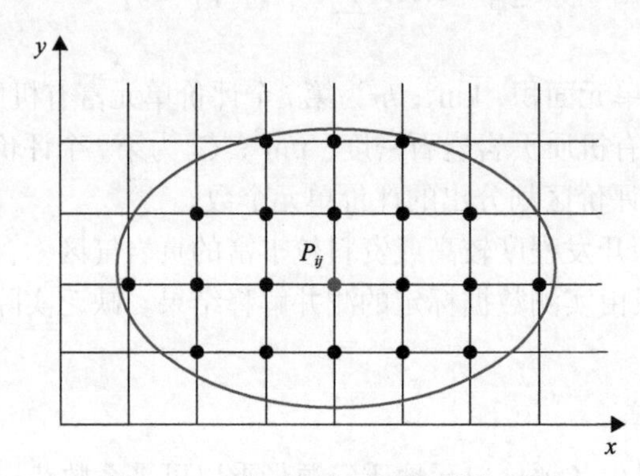

图 3-2-1　曲面积分平面投影示意图

2）资源量计算

评价区页岩气地质资源量的计算采用以下公式：

$$Q_{气}=0.01\cdot\rho\cdot\iint_{\Omega}H(x,y)C(x,y)\mathrm{d}x\mathrm{d}y \tag{3-2-9}$$

式中，$Q_{气}$ 为评价区页岩气地质资源量，亿 m^3；$H(x,y)$ 为厚度函数；$C(x,y)$ 为含气量函数；Ω 为评价区范围；ρ 为岩石密度，t/m^3。

曲面积分法使用的前提条件是：评价区属于中高勘探程度，地质条件较清楚，可以编制评价单元页岩孔隙度、有效厚度、含气量等值线图，含油饱和度、原油密度等参数取值较可靠。

（三）特尔菲法

特尔菲法是一种资源量汇总法，是对不同方法估算出的同一评价区的页岩气资源量，根据可靠程度赋予不同的权重，对所有方法的估算结果进行综合从而获得评价区资源量的方法。计算公式为

$$Q=\sum_{i=1}^{n}Q_i\cdot a_i \tag{3-2-10}$$

式中，Q 为评价区页岩气资源量，亿 m^3；Q_i 为第 i 种方法估算的评价区页岩气资源量，亿 m^3；a_i 为第 i 种方法的权重系数，$0<a_i\leqslant 1$，$\sum_{i=1}^{n} a_i = 1$；n 为页岩气资源估算方法数量。

第三节　刻度区解剖

一、刻度区选取原则

刻度区解剖是油气资源评价的核心内容之一，主要目的是建立不同类型类比刻度区的参数体系和取值标准，并求取用于资源量计算的类比参数、参数分布和参数预测模型。刻度区解剖是以成熟含油气区作为研究对象，依托完备的油气勘探开发基础资料和数据，采用先进的数据处理和评价技术，开展地质特征和关键参数精细研究的工作，为油气资源评价提供科学合理的参数取值标准。

为了能够比较准确地确定刻度区的资源量，刻度区选取遵循“三高”原则，即勘探程度高、地质规律认识程度高和油气资源探明率较高或资源的分布与潜力的认识程度较高。

二、刻度区选取结果

结合勘探进展，该次刻度区主要勘探层系是五峰组—龙马溪组，共设立 5 个刻度区。其中焦石坝刻度区、南川刻度区为背斜型页岩气刻度区，长宁刻度区为向斜型页岩气刻度区，威远刻度区、威荣刻度区为斜坡型页岩气刻度区。

三、刻度区解剖分析

(一) 焦石坝刻度区

焦石坝刻度区是目前涪陵页岩气田主要产气区，位于四川盆地东南缘，构造位置处于川东高陡构造带焦石坝背斜，行政区划隶属于重庆市涪陵区，页岩气产层为上奥陶统五峰组—下志留统龙马溪组。焦石坝区块基本满足高勘探程度、高探明程度和高地质认识程度“三高”特征，该地区目前已实现了三维满覆盖，实现了页岩气商业开发，是目前四川盆地及周缘五峰组—龙马溪组页岩气勘探程度较高的地区。焦石坝主体区分别在 2014 年与 2015 年提交页岩气探明储量 1067.5 亿 m^3 与 2738.48 亿 m^3，焦页 9 井区所在的江东区块 2017 年提交探明储量 812.99 亿 m^3，累计提交页岩气探明储量 4618.97 亿 m^3，满足高勘探程度、高探明程度和高地质认识程度“三高”特征。同时焦石坝地区五峰组—龙马溪组页岩气有利层段具有典型的海相页岩气高 TOC、高孔隙度、高硅质矿物和高含气量“四高”特征，远离控盆断裂，保存条件相对较好，压力系数基本都在 1.0 以上，可作为四川盆地及周缘海相页岩气 A 类区与 B 类区的类比刻度区。焦石坝刻度区范围主要包括焦石坝主体区和江东区块，目前已提交探明储量地区包括焦石坝主体区焦页 1-5 井区和江东区块焦页 9 井区，面积 616.77km²。

1. 刻度区地质条件

焦石坝五峰组—龙一段 TOC 均较高，普遍≥2.0%，有机质类型主要为Ⅰ型，处于过成熟阶段，以生成干气为主。孔隙类型主要有有机质孔、黏土矿物间孔、晶间孔、次生溶蚀孔及微裂缝。五峰组—龙马溪组优质泥页岩储层物性总体具有低孔低渗特征，但是保存条件好坏存在差异，从而孔隙度在不同地区也表现出较大的差异性。焦石坝区块上覆三叠系—龙三段，地层厚度达到了 2200m，五峰组—龙一段其上沉积的小河坝组—韩家店组分布面积较为广泛，且累积厚度大，厚度一般在 600～800m，对焦石坝五峰组—龙一段页岩层系保持稳定的温度和压力场具有重要作用，为良好的区域盖层。五峰组—龙马溪组页岩气层顶底板与页岩气层位连续沉积，顶底板岩性致密、厚度大、展布稳定、突破压力高、封隔性好。

2. 刻度区油气资源量评价方法选择

采用曲面积分法、容积法和特尔菲法对焦石坝刻度区页岩气资源量进行计算。

3. 资源量计算结果

采用曲面积分法计算焦石坝刻度区页岩气地质资源量 5956.21 亿 m^3，容积法计算页岩气地质资源量 6850.24 亿 m^3(表 3-3-1)。

表 3-3-1　焦石坝刻度区五峰组—龙马溪组页岩气容积法计算参数与结果表

刻度区名称	计算部分	刻度区面积/km^2	有效厚度/m	吸附气含量/(m^3/t)	孔隙度/%	密度/(t/m^3)	含气饱和度/%	偏差系数	体积换算因子	地质资源量/亿 m^3
焦石坝刻度区	游离气	616.77	77.80		3.94		68.90		308	4012.08
	吸附气	616.77	77.80	2.56		2.59		1.121		2838.16

运用特尔菲法对曲面积分法和容积法的计算结果进行加权求和。两种方法计算结果可信度相当，因此权值均取 0.5，计算得到焦石坝刻度区页岩气地质资源量为 6313.82 亿 m^3(表 3-3-2)。

表 3-3-2　焦石坝刻度区页岩气资源量特尔菲法加权求和计算结果汇总

序号	评价方法	地质资源量/亿 m^3	可采资源量/亿 m^3	权重
1	曲面积分法	5956.21	1489.05	0.5
2	容积法	6850.24	1712.56	0.5
特尔菲法汇总		6313.82	1578.46	1.0

(二) 南川刻度区

1. 刻度区地质条件

南川刻度区平桥南区页岩埋深介于 2000～3400m，受龙凤场断层侧向封堵，页岩气横向运移减弱，滞留成藏。刻度区主要目的层为五峰组—龙马溪组，沉积相为深水陆棚相，五峰组—龙一段厚 101～110m，主要为灰黑色碳质、硅质笔石页岩，TOC 平均为 1.75%，有机质为Ⅰ型，R_o 平均为 2.55%，处于干气阶段，孔隙度平均为 2.72%，含气量平均为

3.03m^3/t，脆性矿物含量平均为 60.7%。

2. 资源量评价方法选择

采用容积法和类比法对南川刻度区页岩气资源量进行计算。

3. 资源量计算结果

南川刻度区划分为平桥背斜构造带、东胜背斜构造带、阳春沟背斜构造带、石门—白马构造带四个有利评价单元。

平桥背斜为受平桥西断层与平桥东 1 号断层夹持的北东走向狭长的背斜构造带，包括平桥背斜南区、平桥背斜南斜坡和构造带深部。采用容积法计算平桥背斜南斜坡、平桥背斜构造带深部地质资源量为 729.94 亿 m^3/km^2。

采用类比法对剩下地区开展资源评级，并对南川区块页岩气资源评价结果根据富集概率、规模、可采性等条件开展分级评价，划分Ⅰ、Ⅱ、Ⅲ级三大类(表 3-3-3)。南川刻度区龙一段页岩气资源以Ⅰ级为主，其次为Ⅱ级；通过类比法，评价出平桥背斜构造带和东胜背斜构造带Ⅰ级地质资源量为 2112 亿 m^3，Ⅲ级地质资源量为 1961 亿 m^3；阳春沟背斜构造带和石门—白马构造带Ⅱ级地质资源量为 1916 亿 m^3。

表 3-3-3 南川区块五峰组—龙马溪组页岩气资源分级汇总表

一级构造单元	评价单元	级别	储量/亿 m^3			地质资源量/亿 m^3
			探明	控制	预测	期望值
四川盆地东南缘川东高陡构造带万县复向斜	平桥背斜构造带	Ⅰ级	978			1052
		Ⅲ级				221
	东胜背斜构造带	Ⅰ级	1011			1060
		Ⅲ级				169
	阳春沟背斜构造带	Ⅱ级				1179
		Ⅲ级				1571
	石门—白马构造带	Ⅱ级				737
	合计	Ⅰ级	1989			2112
		Ⅱ级				1916
		Ⅲ级				1961

(三)长宁刻度区

长宁刻度区位于四川省宜宾市所辖长宁县、珙县、高县、筠连县和泸州市所辖叙永县境内，东邻泸州市，南与昭通国家级页岩气示范区相邻，西接凉山彝族自治州和乐山市，北靠自贡市，面积为 4230km^2。刻度区属山地地形，地貌以中、低山地和丘陵为主。地面海拔 400～1300m，最大相对高差约 900m。区内年平均气温 17～18℃，年平均降水量 1050～1618mm，5～10 月为雨季，降水量占全年的 81.7%，主汛期为 7～9 月。区内发育有长江、金沙江、南广河和洛浦河等水系，水资源总量 2428.4 亿 m^3。

刻度区构造上处于川南陡构造带与娄山褶皱带之间。区内主要发育有长宁背斜构造，构造较为简单，整体呈北西西—南东东向，南西翼较平缓，北东翼较陡，断层总体不发育。整体地层层序正常，缺失石炭系和泥盆系，主要出露地层为二叠系、三叠系，长宁背斜核部出露最老地层寒武系。长宁刻度区边界划分依据为：以长宁构造为中心，结合中石油矿权边界而划分，扣除剥蚀面和埋深大于 4500m 的区域，可供评价的面积为 $2995km^2$(表 3-3-4)。2012 年 3 月，与威远区块一起被正式批准为“长宁—威远国家级页岩气示范区”。

表 3-3-4　长宁刻度区面积分布表

类别	埋深＜4500m	埋深＞4500m	剥蚀面	合计
面积/km^2	2995	917	318	4230

截至 2019 年 7 月 31 日，长宁刻度区五峰组—龙马溪组共完钻直井评价井 11 口，取心长 1851m，正钻井评价井 4 口。长宁区块完钻井 265 口，正钻井 177 口，投产 167 口井，历年累计产气达 34.44 亿 m^3，三维地震勘探 $783km^2$，二维地震测网完善，测线长 6790.43km。

1. 刻度区地质条件

长宁刻度区龙马溪组页岩具有有机质丰度高、有机质类型好、成熟度高的特点，有利于页岩气藏的形成，而龙马溪组底部为最优质页岩段。刻度区龙马溪组底部优质页岩厚度稳定，优质页岩厚度在 29.5～46.4m，具有往地层剥蚀线减薄(主要受含气量高低影响)、向沉积中心增厚的趋势，普遍在 30～40m。

长宁刻度区龙马溪组优质页岩在矿物组成上均具有硅质、钙质等脆性矿物含量较高(介于 58%～68%)，黏土矿物含量较低的特征，有利于储层压裂改造。整体上，脆性矿物含量东北部为高值区，南部略低。

龙马溪组优质页岩有机碳含量较高，单井平均有机碳含量介于 3.0%～4.2%，平均为 3.3%，整体上往北增大；干酪根显微组分以腐泥组为主，基本不含或微含镜质组、惰质组，有机质类型为 I 型(腐泥型)干酪根；R_0 均大于 2.0%，普遍分布在 2.6%～3.2%，均处于过成熟阶段，以产干气为主。

刻度区内龙马溪组优质页岩物性整体较好，孔隙度较为发育，孔隙度平均值一般大于 5%，优质页岩孔隙度介于 3.6%～7.3%，往区块西南方向增大。含气饱和度较高，一般大于 50%，实测单井平均含气饱和度分布在 50%～70%，西南部及东北部含气饱和度较高。

刻度区优质页岩整体含气性较好，总含气量在 $2.4～7.4m^3/t$，平均含气量在 $2.0m^3/t$ 以上；纵向上，龙马溪组下部层段含气量总体高于上部层段；平面上，含气量以剥蚀区为中心向四周的呈逐渐增大的趋势，距离剥蚀区越远，其含气量越大。

龙马溪组页岩压力系数总体上以剥蚀区为中心向四周增大，且与储层埋深有着良好的正相关关系，实钻井测试原始地层压力主要在 6.7～61MPa，压力系数由南向北逐渐降低，三维地震资料区内压力系数普遍大于 1.2，在宁 201 井附近压力系数最大达 2.0，处于超压状态，有利于页岩气开采。

刻度区受多期构造影响，主要发育北东—南西向、近东西向两组断裂体系，均为逆断层，断层规模以中小断层为主，多数消失在志留系内部；断开二叠系龙潭组—奥陶系临湘组的断层共有 24 条，长度大于 10km 的断层共有 13 条，落差均大于 100m，大部分地区的断裂均不发育，有利于页岩气藏的保存。

2. 刻度区油气资源量评价方法选择

采用体积法、分级资源丰度类比法、小面元容积法和特尔菲法对长宁刻度区页岩气资源量进行计算。

3. 资源量计算结果

采用体积法计算长宁刻度区地质资源量为 1.01 万亿～2.07 万亿 m^3，期望值为 1.53 万亿 m^3。地质资源量丰度期望值为 5.10 亿 m^3/km^2，资源丰度高，资源量大(表 3-3-5)。

表 3-3-5 长宁刻度区龙马溪组页岩气资源量(体积法)

面积/km^2	概率	地质资源量/亿 m^3	可采资源量/亿 m^3	地质资源量丰度/(亿 m^3/km^2)	可采资源量丰度/(亿 m^3/km^2)
2995	P_{90}	10160	2032	3.39	0.68
	P_{50}	15030	3006	5.02	1.00
	P_{10}	20680	4136	6.90	1.38
	期望值	15270	3054	5.10	1.02

采用分级资源丰度类比法计算长宁刻度区地质资源量为 1.42 万亿～2.64 万亿 m^3，期望值为 2.03 万亿 m^3；地质资源量丰度期望值为 6.78 亿 m^3/km^2。其中：A 类区地质资源量期望值为 0.92 万亿 m^3，地质资源量丰度为 9.36 亿 m^3/km^2；B 类区地质资源量期望值为 0.99 万亿 m^3，地质资源丰度为 6.44 亿 m^3/km^2；C 类区地质资源量期望值为 0.12 万亿 m^3，地质资源丰度为 2.58 亿 m^3/km^2(图 3-3-1，表 3-3-6)。

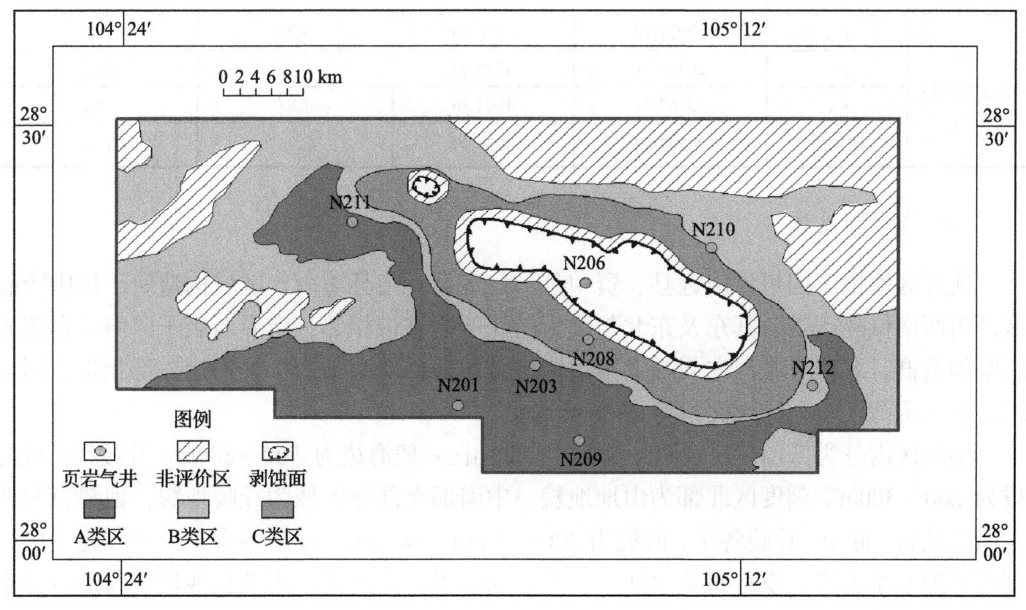

图 3-3-1 长宁刻度区龙马溪组页岩气资源评价区块等级划分图

表 3-3-6　长宁刻度区龙马溪组页岩气资源量（分级资源丰度类比法）

区块名称	面积/km^2	地质资源量期望值/亿 m^3	可采资源量/亿 m^3	地质资源量丰度/（亿 m^3/km^2）	可采资源量丰度/（亿 m^3/km^2）
A 类区	982	9196.55	1992.59	9.36	2.03
B 类区	1533	9865.85	2006.05	6.44	1.31
C 类区	480	1237.39	235.1	2.58	0.49
合计	2995	20299.8	4233.75	6.78	1.41

注：表中数据因四舍五入，存在误差。

采用小面元容积法计算的全区地质资源量为 2.39 万亿 m^3，地质资源量丰度为 7.98 亿 m^3/km^2（表 3-3-7）。

表 3-3-7　长宁刻度区龙马溪组页岩气资源量（小面元容积法）

刻度区名称	面积/km^2	地质资源量/亿 m^3	可采资源量/亿 m^3	地质资源量丰度/（亿 m^3/km^2）	可采资源量丰度/（亿 m^3/km^2）
长宁刻度区	2995	23926.8	4785.4	7.98	1.59

采用特尔菲法对体积法、分级资源丰度类比法和小面元容积法三种方法计算的地质资源量和可采资源量进行综合评价：其中分级资源丰度类比法占 0.4，小面元容积法占 0.4，体积法占 0.2，长宁刻度区龙马溪组页岩气地质资源量为 1.80 万亿～2.36 万亿 m^3，期望值为 2.08 万亿 m^3；地质资源量丰度期望值为 6.96 亿 m^3/km^2（表 3-3-8）。

表 3-3-8　长宁刻度区龙马溪组页岩气资源量（特尔菲法）

刻度区名称	概率	地质资源量/亿 m^3	可采资源量/亿 m^3	地质资源量丰度/（亿 m^3/km^2）	可采资源量丰度/（亿 m^3/km^2）
长宁刻度区	P_{90}	17951.77	3676.76	5.99	1.23
	P_{50}	20732.31	4215.93	6.92	1.41
	P_{10}	23567.81	4804.86	7.87	1.60
	期望值	20835.13	4239.99	6.96	1.42

（四）威远刻度区

威远区块位于四川省威远县、资中县、仁寿县、荣县境内，区域构造属于川中隆起区的川西南低陡褶带，其东及东北与安岳南江低褶皱带相邻，南界新店子向斜接自流井凹陷构造群，北西界金河向斜与龙泉山构造带相望，西南与寿保场构造鞍部相接，国家级页岩气示范区威远区块面积为 2366.1km^2。

刻度区内分为低山、丘陵两大地貌区，低山区一般海拔为 500～800m，丘陵区一般海拔为 200～300m。刻度区北部为山地地貌，中南部大部分区域为丘陵地貌，地势自北西向南东倾斜，低山、丘陵各半，海拔为 300～800m，S4、S11、G85 等多条公路穿越气田。刻度区内水系丰富，发育有威远河、乌龙河和越溪河等河流，以及长沙坝、葫芦口等水库，年平均降水量 985.2～1618mm。

刻度区构造位置隶属于川西南古中斜坡低褶带，发育威远背斜构造，出露三叠系、侏罗系。纵向上缺失泥盆系和石炭系，背斜西北部不同程度缺失志留系。区内中奥陶统以上地层自上而下依次为：中侏罗统上沙溪庙组，下侏罗统凉高山组、自流井组（大安寨段、马鞍山段、东岳庙段、珍珠冲段），上三叠统须家河组，中三叠统雷口坡组，下三叠统嘉陵江组、飞仙关组，上二叠统长兴组、吴家坪组，下二叠统茅口组、栖霞组、梁山组，志留系龙马溪组，奥陶系五峰组，中奥陶统临湘组—宝塔组。威远刻度区位于威远国家级页岩气示范区以东，刻度区范围根据压力系数、埋深和矿权边界综合划分，面积 4550km^2。威远刻度区内无剥蚀面，埋深均在 500～4500m，因此可评价区面积即刻度区面积。

1. 刻度区地质条件

威远刻度区龙马溪组页岩具有有机质丰度高、有机质类型好、成熟度高的特点，有利于页岩气藏的形成，而五峰组—龙马溪组底部为最优质页岩段。威远刻度区龙马溪组底部黑色页岩厚度稳定，由北向南厚度增加，优质页岩厚度在 28.9～47.3m，平均厚度 37.1m。威远刻度区页岩在矿物组成上均具有硅质、钙质等脆性矿物含量较高，黏土矿物含量较低的特征，有利于储层压裂改造。威远刻度区龙马溪组页岩的脆性矿物含量纵向上整体较好，且具有从下至上逐渐减小的特点，横向上分布总体稳定，各井区平均值普遍大于 60%。

区内龙马溪组优质页岩单井平均有机碳含量介于 2.6%～3.6%，平均为 3.2%，优质页岩段有机碳含量变化幅度小，平均普遍大于 2.0%。有机质为 I 型（腐泥型）干酪根；R_o 分布在 1.78%～2.26%，处于高—过成熟阶段，以产干气为主。

威远刻度区龙马溪组底部优质页岩孔隙度较高，单井平均孔隙度一般在 5.0%～7.9%，平面上优质页岩孔隙度变化幅度小，总体大于 5.0%。含气饱和度一般大于 60%。

威远刻度区龙马溪组优质页岩总体具有较高的含气量，单井平均总含气量 2.6～8.7m^3/t，总体相对较高；优质页岩整体含气量较好，平均值普遍大于 2.0m^3/t，具有自北西向南东随埋深逐渐增加的趋势。

威远刻度区中奥陶统—下志留统除在南部自贡一带及东南角区域断裂较为发育外，大部分地区的断裂均不发育，有利于页岩气藏的保存。

2. 刻度区油气资源量评价方法选择

采用体积法、分级资源丰度类比法、小面元容积法和特尔菲法对威远刻度区页岩气资源量进行计算。

3. 资源量计算结果

采用体积法计算威远刻度区地质资源量为 1.46 万亿～2.21 万亿 m^3，期望值为 1.83 万亿 m^3（表 3-3-9），地质资源量丰度为 4.02 亿 m^3/km^2，略低于长宁刻度区；可采资源量为 0.29 万亿～0.44 万亿 m^3，期望值为 0.37 万亿 m^3，可采资源量丰度为 0.80 亿 m^3/km^2。

采用分级资源丰度类比法计算威远刻度区地质资源量为 1.55 万亿～3.58 万亿 m^3，期望值为 2.53 万亿 m^3（图 3-3-2，表 3-3-10），地质资源量丰度为 5.56 亿 m^3/km^2，略低于长宁刻度区。其中：A 类区地质资源量期望值为 0.78 万亿 m^3，地质资源量丰度为 9.71

亿 m^3/km^2；B 类区地质资源量期望值为 1.58 万亿 m^3，地质资源量丰度为 5.77 亿 m^3/km^2；C 类区地质资源量期望值为 0.17 万亿 m^3，地质资源量丰度为 1.65 亿 m^3/km^2。

表 3-3-9　威远刻度区龙马溪组页岩气资源量(体积法)

埋深＜4500m 的面积/km^2	概率	地质资源量/亿 m^3	可采资源量/亿 m^3	地质资源量丰度/(亿 m^3/km^2)	可采资源量丰度/(亿 m^3/km^2)
4550	P_{90}	14590	2918	3.21	0.64
	P_{50}	18200	3640	4.00	0.80
	P_{10}	22060	4412	4.85	0.97
	期望值	18270	3654	4.02	0.80

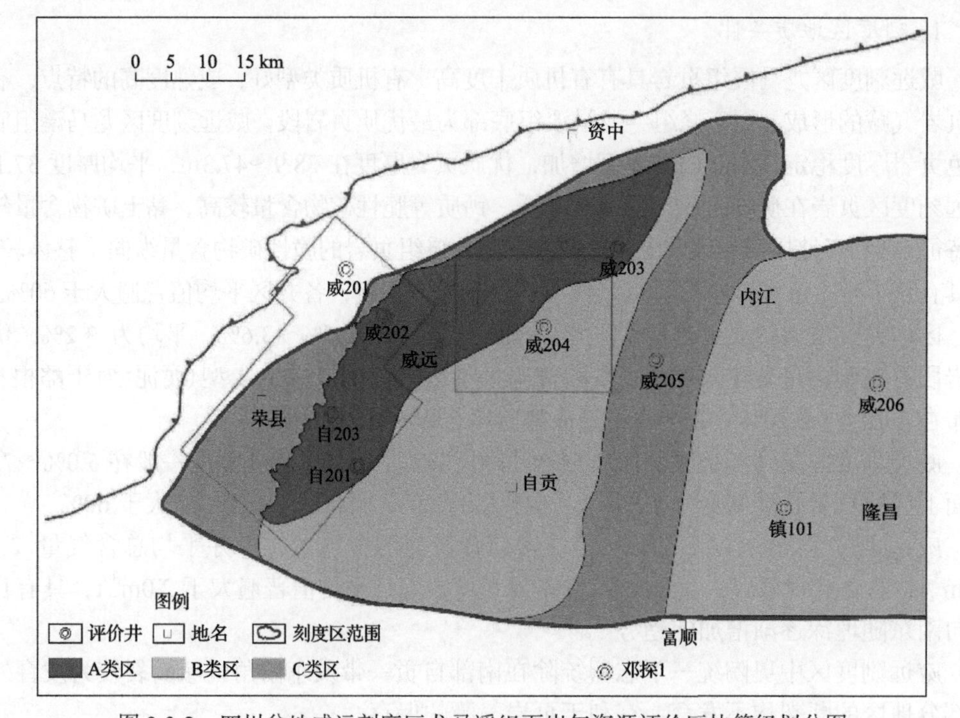

图 3-3-2　四川盆地威远刻度区龙马溪组页岩气资源评价区块等级划分图

表 3-3-10　威远刻度区龙马溪组页岩气资源量(分级资源丰度类比法)

区块名称	面积/km^2	地质资源量期望值/亿 m^3	可采资源量/亿 m^3	地质资源量丰度/(亿 m^3/km^2)	可采资源量丰度/(亿 m^3/km^2)
A 类区	805	7814.66	1745.27	9.71	2.17
B 类区	2738	15817.8	3110.84	5.77	1.14
C 类区	1007	1663.73	343.84	1.65	0.34
合计	4550	25296.2	5199.95	5.56	1.14

注：表中数据因四舍五入，存在误差。

采用小面元容积法计算威远刻度区地质资源量为 3.08 万亿 m^3(表 3-3-11)，地质资源量丰度为 6.76 亿 m^3/km^2，可采资源量丰度为 1.35 亿 m^3/km^2 与长宁刻度区基本相当。

表 3-3-11 威远刻度区龙马溪组页岩气资源量(小面元容积法)

刻度区名称	面积/km^2	地质资源量/亿 m^3	可采资源量/亿 m^3	地质资源量丰度/(亿 m^3/km^2)	可采资源量丰度/(亿 m^3/km^2)
威远刻度区	4550	30791.6	6158.3	6.76	1.35

采用特尔菲法对体积法、分级资源丰度类比法和小面元容积法三种方法计算的资源量进行综合评价：其中分级资源丰度类比法占 0.4，小面元容积法占 0.4，体积法占 0.2，计算出威远刻度区龙马溪组页岩气地质资源量期望值为 2.62 万亿 m^3，地质资源量丰度为 5.75 亿 m^3/km^2(表 3-3-12)。页岩气资源潜力较大，有利于页岩气勘探开发。

表 3-3-12 威远刻度区龙马溪组页岩气资源量(特尔菲法)

刻度区名称	概率	地质资源量/亿 m^3	可采资源量/亿 m^3	地质资源量丰度/(亿 m^3/km^2)	可采资源量丰度/(亿 m^3/km^2)
威远刻度区	P_{90}	22096.91	4439.11	4.86	0.98
	P_{50}	25930.48	5215.18	5.70	1.15
	P_{10}	30407.43	6183.8	6.68	1.36
	期望值	26164.92	5281.08	5.75	1.16

(五)威荣刻度区

威荣刻度区位于川南低陡构造带，五峰组—龙马溪组未经历隆升剥蚀作用(何登发等，2021)。威荣刻度区五峰组—龙马溪组页岩气为自生自储成藏的连续型气藏，经页岩气层储层预测、钻井证实，页岩储层在纵向上具有厚度较大，纵向上连续、横向上连片，呈大面积分布的特征，在矿权范围内页岩气层整体含气，其矿权面积均为有利面积，因此威荣刻度区资源评价有利区面积为 143.77km^2。

1. 刻度区地质条件

根据页岩气层及气藏特征分析，威荣刻度区五峰组—龙一段气藏具有源储一体的特征，整体为一套页岩气层，页岩气层具有大面积层状分布、整体含气的特点，页岩厚度在 80.5～85.7m，平均厚度为 83.02m，有效厚度为 46.8～58.1m，平均有效厚度为 52.82m；纵向上页岩气层连续性好，无砂岩、碳酸盐岩或硅质夹层，整个页岩层段对产气都有贡献。页岩岩石密度在 2.29～2.81g/cm^3，平均为 2.574g/cm^3。龙马溪组底界埋深为 3550～3880m。威荣刻度区龙马溪组页岩位于深水陆棚相带；实测 TOC 为 0.02%～5.52%，平均为 1.89%，有机质以 I 型腐泥型干酪根为主，热演化程度适中，R_o 为 1.93%～2.43%，处于生成干气阶段；威荣刻度区处于最有利于孔隙发育区间，孔隙度为 2.02%～10.05%，平均为 5.75%，主体分布于 5%～7%；实测现场含气量为 0.55～12.61m^3/t，主要分布在 4.5～7.5m^3/t，平均为 5.52m^3/t，纵向上，中下部高，各井区总体相当，吸附气量为 0.619～5.255m^3/t，主体分布在 1.5～3.5m^3/t，平均为 2.3m^3/t，含气饱和度为 7.5%～90.4%，主体分布在 50%～70%，平均为 58.72%。实测脆性矿物含量平均为 53.58%，其中硅质含量(石英+长石)平均为 37.86%，碳酸盐矿物含量平均为 15.68%，黏土矿物含量平均为 40.63%，总体页岩气形成条件优越。

威页 1HF 井、威页 23-1HF 两口井关井压力恢复试井，计算地层压力 68.69～76.95MPa，压力系数 1.94～2.05，平均压力系数 2.00，折算到产层中部深度 3702m，地层压力为 72.427MPa，地面标准压力取 0.101MPa。威页 1HF、威页 23-1 等三口井实测地层温度 126.07～134.97℃，地温梯度 3.00～3.04℃/100m，平均地温梯度 3.02℃/100m，折算到产层中部深度 3702m，地层温度为 131.20℃(404.35K)，地面标准温度取 20℃(293.15K)。

采用 PVT 实测平均值作为气体偏差系数和天然气体积系数，分别为 1.413 和 0.00272。

2. 资源量评价方法选择

采用体积法对威荣刻度区页岩气资源量进行计算。

3. 资源量计算结果

采用体积法计算地质资源量为 0.08 万亿～0.17 万亿 m^3，期望值为 0.12 万亿 m^3。地质资源量丰度期望值为 8.65 亿 m^3/km^2，资源丰度高，资源量大(表 3-3-13)。

表 3-3-13　威荣刻度区五峰组—龙一段页岩气资源量计算表(体积法)

刻度区名称	计算单元	概率	有效面积/km^2	优质页岩厚度/m	密度/(t/m^3)	吸附气含量/(m^3/t)	孔隙度/%	含气饱和度/%	体积系数	偏差系数	地质资源量/亿 m^3	地质资源量丰度/(亿 m^3/km^2)
威荣刻度区	五峰组—龙一段	P_{10}	143.77	58.9240	2.6695	3.3114	7.34	74.39	0.00272	1.413	1709.87	11.8931
		P_{50}	143.77	52.820	2.5737	2.3017	5.75	58.72	0.0027	1.41	1243.81	8.6514
		P_{90}	143.77	46.7160	2.4779	1.2920	4.16	43.05	0.00272	1.413	865.94	6.0231

第四节　关键参数取值

一、关键参数

盆地级的页岩气资源量采用体积法、分级资源丰度类比法和特尔菲法评价。在重点刻度区研究中运用体积法、分级资源丰度类比法、小面元容积法和特尔菲法。体积法涉及的关键评价参数有 4 个，分别为有效页岩储层分布面积、有效页岩储层厚度、有效页岩密度和含气量(表 3-4-1)。分级资源丰度类比法涉及储集条件、烃源条件、保存条件、含气性和加权五大类、12 个关键参数指标。小面元容积法需要 7 个参数(表 3-4-2)，这些参数主要分为基础地质参数和类比参数两类。

(一)有利区面积

有利区面积为评价页岩气资源关键参数之一，页岩气有利区是在确定有效厚度基础上刻画的。在确定页岩有效厚度>20m 的面积基础上，再增加埋深(<6000m)、有利含气泥页岩连续分布面积大于 30km^2、构造保存等限定条件后，通过综合各单因素叠加落

实页岩气有利区范围。根据有利区约束因素和概率条件赋予不同的特征值。

表 3-4-1　四川盆地页岩气资源评价主要参数及其主要确定依据(体积法)

主要评价参数	主要确定依据
有效页岩储层分布面积/km^2	TOC>2%高伽马黑色页岩分布面积
有效页岩储层厚度/m	TOC>2%高伽马黑色页岩有效厚度
有效页岩密度/(g/cm^3)	TOC>2%高伽马黑色页岩岩心实测
含气量/(m^3/t)	含气量现场测试、等温吸附实验

表 3-4-2　四川盆地页岩气资源评价关键参数表

评价方法		关键参数	
类比法	分级资源丰度类比法	储集条件	储集层厚度、微裂缝发育程度、孔隙类型、有效孔隙度、脆性矿物含量
		烃源条件	烃源岩厚度、TOC、R_o、有机质类型
		保存条件	构造活动强度
		含气性	含气量
		加权	加权系数
统计法	小面元容积法	面积、储层厚度、孔隙度、气饱和度、地层温度、原始地层压力、可采系数	

地层压力系数通常是反映页岩气保存条件的综合指标，本次页岩气资源评价引入压力系数这个关键参数将评价区划分为A、B、C类区，压力系数＞1.2的超压区作为A类区，压力系数1.0～1.2的常压区作为B类区，压力系数0.8～1.0的地区作为C类区。根据实际勘探资料，压力系数＜0.8的地区页岩气保存条件较差，一般不具备商业工业页岩气流条件，因此本次资源评价将压力系数0.8作为起算条件之一。

在考虑抬升剥蚀、断裂分布、顶底板等构造保存条件基础上，绘制评价区压力系数等值线图，从而可以确定评价区A、B、C类区面积。

对于盆地内稳定区，目的层系未经历隆升剥蚀作用，直接采用有利区面积参与计算；对于盆缘改造区，地质历史时期经历过大规模的隆升剥蚀作用，有利区面积按照剥蚀程度予以扣除并赋概率值。

计算单元的最小连续分布面积不少于50km^2。

以四川盆地及周缘中石化探区五峰组—龙马溪组页岩气为例，结合压力系数划分资源评价有利区面积，其中压力系数＞1.2的A类区面积合计7740.07km^2，压力系数1.0～1.2的B类区面积3968.99km^2，总计四川盆地及周缘中石化探区有利区面积11709.06km^2(表3-4-3)。

(二)有效厚度

有效厚度受地质条件影响较大。只有当页岩层系中的含气量相对富集并且达到一定水平时，才具有勘探开发价值。依据本次页岩气资源评价技术要求，海相泥页岩起算单层厚度应大于10m；陆相和海陆过渡相泥页岩段泥地比应大于60%，连续厚度应大于 20m。同时，要求 TOC≥1.0%；Ⅰ—$Ⅱ_1$型干酪根 R_o 为≥1.3%～4.0%，$Ⅱ_2$型干酪根 R_o≥0.7%，Ⅲ型干酪根 R_o≥0.5%。

表 3-4-3　四川盆地及周缘中石化探区五峰组—龙马溪组页岩气资源评价有利区面积

压力系数	川东高陡构造带/km^2	川南低陡构造带/km^2	盆缘高陡构造带/km^2	合计/km^2
压力系数＞1.2	6031.99	1201.12	506.96	7740.07
压力系数 1.0～1.2	1220.05	290.00	2458.94	3968.99
压力系数 0.8～1.0	1191.33	1040.56	11263.62	13495.51
合计	8443.37	2531.68	14229.52	25204.57

此外，进一步规定脆性矿物含量大于 40%，黏土矿物含量小于 30%，孔隙度大于 1.0%，渗透率大于 0.0001mD，含气量大于 $0.5m^3/t$。

假设有效页岩段由评价单元 1、评价单元 2、……、评价单元 n 组成，厚度分别为 h_1、h_2、…、h_n，则参与计算的有效页岩段厚度为 $h=h_1+h_2+\cdots+h_n$。在勘探程度较高的勘探区，以页岩气钻井为基础，结合测井曲线、气测数据、有机碳含量及总含气量等数据确定优质段页岩厚度；在勘探程度较低、缺少钻井资料的勘探区，采用野外地质剖面进行有效页岩段厚度的计算。

有效页岩段厚度属离散数据，采用正态分布模型求取不同概率条件下的有效厚度特征值。

对于有效厚度的确定要求单层计算厚度大于 10m 或连续厚度大于 30m（泥地比大于 60%）。计算时应采用有效厚度进行赋值计算。若夹层厚度大于 3m，则计算厚度时应予以扣除。

（三）页岩密度

页岩密度为实测数据，页岩的岩石密度也有一定的变化，属离散数据，采用正态分布模型求取不同概率条件下的页岩密度特征值。不同地区页岩密度见表 3-4-4、表 3-4-5。

表 3-4-4　四川盆地及周缘部分中石油矿区页岩密度取值表

计算单元	层系	深度	页岩密度/(g/cm^3)
宣汉—巫溪	龙马溪组	4500m 以浅	2.6
忠县—丰都	龙马溪组	4500m 以浅	2.58
长宁	龙马溪组	4500m 以浅	2.54
威远	龙马溪组	4500m 以浅	2.58
泸州	龙马溪组	4500m 以浅	2.59
渝西	龙马溪组	4500m 以浅	2.59
老龙坝—高石梯	筇竹寺组	3500m 以浅	2.65
		3500～4500m	2.67
		大于 4500m	2.62
		大于 4500m	1.8

表 3-4-5 四川盆地及周缘中石化矿区部分页岩密度统计表

页岩层系	位置	页岩密度/(g/cm^3)	取值方法
五峰组—龙马溪组	焦石坝	2.59	实测平均
	丁山	2.60	实测平均
志留系		2.56	实测平均
寒武系		2.58	实测平均
二叠系		2.59	实测平均
侏罗系		2.56	实测平均

(四)含气量

含气量是单位质量地层中含有气态烃的总含量，包括游离气、吸附气和溶解气，用 m^3/t 表示。含气量是运用体积法与容积法计算页岩气资源量的关键参数之一。含气量属离散数据，采用正态分布模型求取不同概率条件下的含气量特征值，要求总含气量不小于 $0.5m^3/t$。含气量以实测数据为主，无实测数据点的用刻度区含气量类比评价区相似系数得到。

在实际评价过程中，中石油认为川南地区总含气量大于 $3.0m^3/t$ 时，直井测试产量几乎都可以达到工业产量 0.5 万 m^3/d(图 3-4-1)。依据这个原则，长宁—威远五峰组—龙马溪组有利区划分标准中总含气量下限值为 $3.0m^3/t$。部分地区含气量取值见表 3-4-6、表 3-4-7。

(五)压力系数

依据前期地质勘探实践，认识到区域盖层、顶底板条件、页岩自封闭性、构造改造条件、断裂发育情况及地层形变强度等条件均对页岩气保存富集存在一定影响，其中应当重点考虑页岩埋深、距剥蚀区距离及距不同级次断裂距离三方面参数。

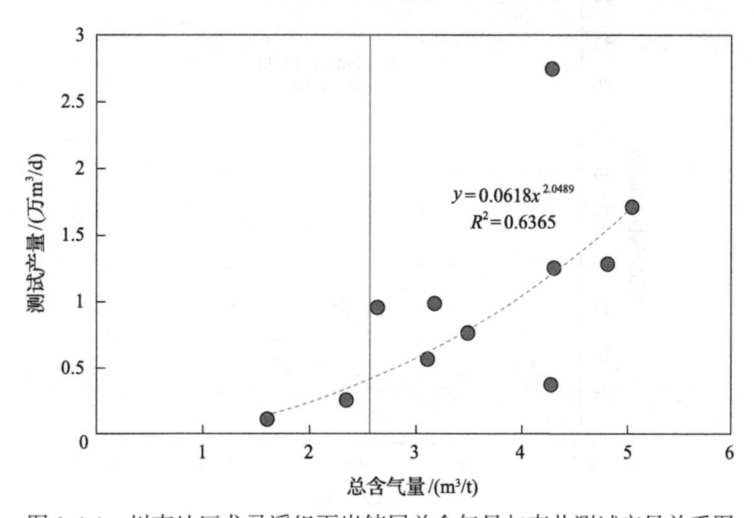

图 3-4-1 川南地区龙马溪组页岩储层总含气量与直井测试产量关系图

表 3-4-6　四川盆地及周缘部分中石油矿区含气量取值表

计算单元	层系	深度	含气量/(m^3/t)
宜汉—巫溪	龙马溪组	4500m 以浅	2.3
忠县—丰都	龙马溪组	4500m 以浅	1.7
长宁	龙马溪组	4500m 以浅	2.2
威远	龙马溪组	4500m 以浅	1.7
泸州	龙马溪组	4500m 以浅	2.0
渝西	龙马溪组	4500m 以浅	2.0
老龙坝—高石梯	筇竹寺组	3500m 以浅	1.8
	筇竹寺组	3500～4500m	2.2

表 3-4-7　四川盆地及周缘中石化矿区部分含气量取值表

页岩层系	位置	含气量/(m^3/t)	取值方法
五峰组—龙马溪组	焦石坝	2.56	实测
	丁山	1.58	实测
志留系	川东高陡构造带	3.52	实测
寒武系	川东高陡构造带	1.78	实测
二叠系	川东高陡构造带	1.36	实测
侏罗系	川北低缓构造带	1.55	实测

根据生产情况，水平井测试参量与压力系数呈正相关关系，当压力系数为 1.2 时，水平井测试产量约为 8 万 m^3/d；当压力系数为 1.3 时，水平井测试产量约为 10 万 m^3/d；当压力系数低于 1.2 时，目前生产情况均较差(图 3-4-2)。

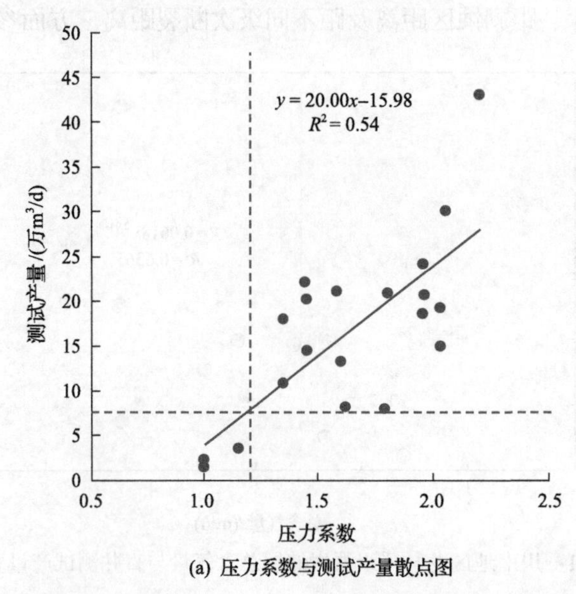

(a) 压力系数与测试产量散点图

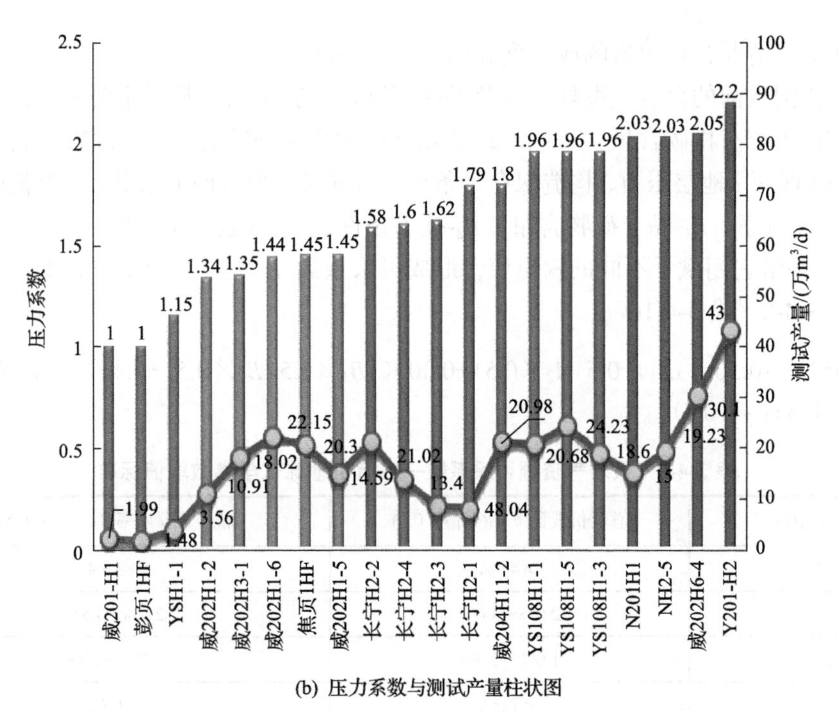

(b) 压力系数与测试产量柱状图

图 3-4-2　四川盆地及周缘五峰组—龙马溪组页岩压力系数与测试产量图解

为准确反映不同地区构造保存条件的差异，本次页岩气资源评价引入压力系数来划分 A、B、C 类区，压力系数＞1.2 的超压区作为 A 类区，压力系数 1.0～1.2 的常压区作为 B 类区，压力系数 0.8～1.0 的地区作为 C 类区。进一步，可将页岩气勘探核心区压力系数下限值可确定为 1.3，远景区压力系数小于 1.2。

以五峰组—龙马溪组为例，在综合考虑抬升剥蚀、顶底板条件、断裂分布等构造保存条件基础上，建立海相页岩气压力系数地质评价体系，绘制评价区压力系数等值线图，从而可以确定评价区 A、B、C 类区面积。由四川盆地及周缘五峰组—龙马溪组压力系数等值线图可以看出，四川盆地内压力系数较高，大部分为压力系数＞1.2 的超压区，仅在高陡构造带存在部分常压区（压力系数为 1.0～1.2）。盆缘地区保存条件复杂，不同地区压力系数存在较大差异，总体存在压力系数由盆内向盆外逐渐降低的趋势，受控盆深大断裂影响明显。盆外地区保存条件较差，仅在残留向斜中心地带存在常压区或超压区，页岩气由残留向斜中心向边缘逐渐逸散，压力系数逐渐降低。

（六）可采系数

页岩气可采系数是评价单元页岩气资源中现有和未来可预见的技术条件下可以采出部分应占的比例。页岩气可采系数是将页岩气资源转化为页岩气可采资源的关键参数，建立不同地质条件和不同资源类型的页岩气可采系数的取值标准具有重要意义。

页岩气可采性应考虑的因素主要有以下几个方面：水平井的密度与技术，硅质和碳酸盐含量、岩石脆性、水平井的压裂及增产技术，裂缝和有机质孔隙发育情况，含气量及吸附气和游离气的比例，深度和压力梯度的影响，孔隙度和渗透率的大小，储层的厚度，水文地质情况，烃源岩的成熟度和地形地貌条件。

鉴于我国目前的页岩气勘探形势及勘探程度，计算可采系数时主要考虑以下三个方面的参数：①总有机碳含量、成熟度；②脆性矿物含量(硅质含量、碳酸盐岩含量)、孔渗特征；③埋深、地层压力、构造保存等条件。通过这三个方面的参数(A_1-有机碳含量，A_2-镜质组反射率；B_1-黏土矿物含量，B_2-孔渗条件；C_1-构造复杂程度，C_2-埋深，C_3-保存条件)，并给它们赋予不同的权重值，形成可采系数 K 的计算公式，各参数具体取值标准见表 3-4-8～表 3-4-10。

$$K=35\%\times[0.30\times(A_1\times0.5+A_2\times0.5)+0.30\times(B_1\times0.5+B_2\times0.5)+0.40\times(C_1\times0.4+C_2\times0.3+C_3\times0.5)]$$

表 3-4-8　页岩气资源可采系数——有机地球化学参数取值标准

概率赋值区间	总有机碳含量 A_1(权值：0.5)	镜质组反射率 A_2(权值：0.5)
0.75～1.0	＞4.0%	＞3.5%
0.5～0.75	2.0%～4.0%	2.0%～3.5%
0.25～0.5	1.0%～2.0%	1.3%～2.0%
0.0～0.25	＜1.0%	＜1.3%

表 3-4-9　页岩气资源可采系数——储集参数取值标准

概率赋值区间	黏土矿物含量 B_1(权值：0.5)	孔渗条件 B_2(权值：0.5)
0.75～1.0	＜15%	基质孔隙度＞8.0%，微裂缝发育
0.5～0.75	15%～30%	基质孔隙度 5.0%～8.0%，微裂缝较发育
0.25～0.5	30%～45%	基质孔隙度 3.0%～5.0%，微裂缝发育一般
0.0～0.25	＞45%	基质孔隙度＜3.0%，微裂缝不发育

表 3-4-10　页岩气资源可采系数——构造及保存参数取值标准

概率赋值区间	构造复杂程度 C_1(权值：0.4)	埋深 C_2(权值：0.3)	保存条件 C_3(权值：0.3)
0.75～1.0	产状平缓，断裂不发育	2000～3000m	异常高压，顶底板膏岩或盐岩
0.5～0.75	宽缓褶皱构造，少量断裂	3000～3500m	压力异常，顶底板致密泥页岩
0.25～0.5	紧闭褶皱，断裂发育	3500～4000m	压力异常不明显，顶底板致密砂岩、碳酸盐岩

鉴于我国目前的页岩气勘探形势及勘探程度，页岩气资源可采系数主要由评价单元泥页岩有机地球化学参数(包含总有机碳含量、镜质组反射率)、储集参数(包含黏土矿物含量、孔渗条件)、构造及保存参数(包含构造复杂程度、埋深、保存条件)等地质条件参数决定。根据对页岩气可采性的影响程度，给每个参数赋予不同的权值，将定性的地质条件量化，再根据经验公式计算获取可采系数(表 3-4-11)。

本次页岩气资源评价可采系数重点考虑埋深条件对页岩气压裂开发的重要影响，增加埋深条件影响权值，确定不同埋深条件下页岩气可采系数。同时注重“页岩品质”与

“保存条件”对页岩富集程度与游离气含量的影响，游离气含量较高、吸附气所占比例较低的地区可采系数相对较高。

表 3-4-11　页岩气资源评价可采系数赋值标准

权值	参数类型	参数名称	权值	赋值		
				0.75～1.0	0.5～0.75	0～0.5
0.2	页岩品质	TOC＞1%的页岩厚度	0.4	＞60m	30～60m	10～30m
		TOC	0.3	＞3%	2%～3%	＜2%
		孔隙度	0.3	＞3%	2%～3%	＜2%
0.2	保存条件	压力系数	1.0	＞1.2	1.0～1.2	＜1.0
0.4	可压裂性	脆性矿物含量	0.4	＞60%	40%～60%	＜40%
		埋深条件	0.6	＜3500m	3500～4500m	4500～6000m
0.1	地表条件	地表条件	1.0	平原+丘陵面积＞50%	以中低山区为主	以山地和高原为主
0.1	水源条件	水源条件	1.0	河流发育有水库	河流较发育邻近水库	水系欠发育，仅有河流

二、一般参数

页岩气资源评价过程中所涉及的参数较多，除直接参与计算的关键参数外，还包括基础参数、间接参数。其中基础参数主要包括构造、沉积相、矿物相、地层发育等页岩及页岩气信息参数，间接参数主要包括埋深、地层压力、温度、干酪根类型、成熟度、孔隙度、游离含气饱和度、吸附含气量、朗缪尔体积、朗缪尔压力和压缩因子等。

参数获取可以采取多种方法。对不同方法获得的参数，必须进行等量校正。对不同方法获得的参数要进行合理性分析，确定参数变化规律及取值范围。评价参数的确定要有一定的数据量为基础，以达到统计学要求。参数应具有代表性，取值应真实、合理、客观。对所取得的参数需合理剔除数学意义上的异常点、地质意义上的无效点。

在进行参数处理后，需要应用对应的评价标准来评价研究区的页岩品质及展布情况。一般情况下在进行页岩气资源评价过程中，需要重点评价的参数为有机地球化学参数、埋深及保存条件等。

(一) U/Th

氧化还原环境对有机质的保存影响甚大，一般来讲缺氧环境有利于有机质保存。通过长期的研究建立了一系列的判识标准，包括 V/Cr、V/Sc、Ni/Co、V/(V+Ni)、U/Th、δU[δU=6U/(3U+Th)]、Ce 和 Eu 异常等作为判识标志。在生产过程中 U/Th 应用较为普遍，其中 U/Th≥1.25 时为厌氧环境，1.25＞U/Th≥0.75 时为贫氧环境，U/Th＜0.75 时为富氧环境。

在对中石油矿区进行评价时，通过对 N203 井 32 个五峰组—龙马溪组样品进行微量元素测试分析，得出了特征微量元素比值和图解(图 3-4-3)。龙一 1 亚段大致为深水陆棚相沉积，龙一 1^3 小层至龙一 1^4 小层逐渐由厌氧相、贫氧相过渡至富氧相，有机质丰度和孔隙结构也发生明显变化，TOC 降低，孔隙结构变差，五峰组—龙一 1 亚段也是目前该套层系的勘探有利层段,因此将古氧相界限作为核心区和有利区技术界限，即 U/Th≥1.25 时为核心区界限，1.25＞U/Th≥0.75 为有利区界限；当进入龙二段，龙马溪组为浅水陆棚富氧环境，U/Th 几乎均小于 0.25，因此，可将 U/Th=0.25 作为远景区下限值，即 0.75＞U/Th≥0.25 为远景区界限值。

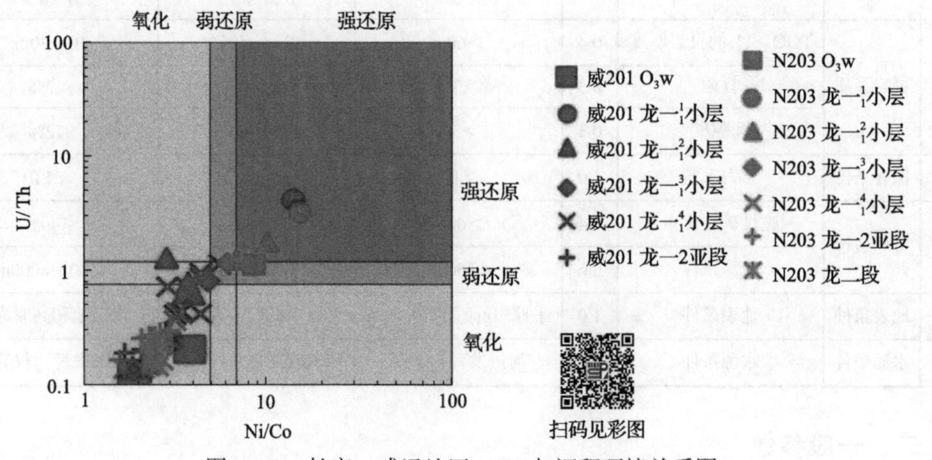

图 3-4-3　长宁—威远地区 U/Th 与沉积环境关系图

（二）TOC

页岩储层与常规储层不同，页岩中的有机质赋存大量的有机孔，有机孔是页岩储层的主要储集空间之一，因此，TOC 是选区评价的关键参数。

在中石油矿区,根据长宁—威远地区五峰组—龙马溪组 TOC-U/Th 相关性,U/Th=0.75 时，TOC 大致对应 2.0%，而 U/Th=1.25 时则大致对应 TOC=3.0%，U/Th=0.25 时则大致对应 TOC=1.0%。因此，可将 3.0%、2.0%和 1.0%分别作为 TOC 的界限值(图 3-4-4)。

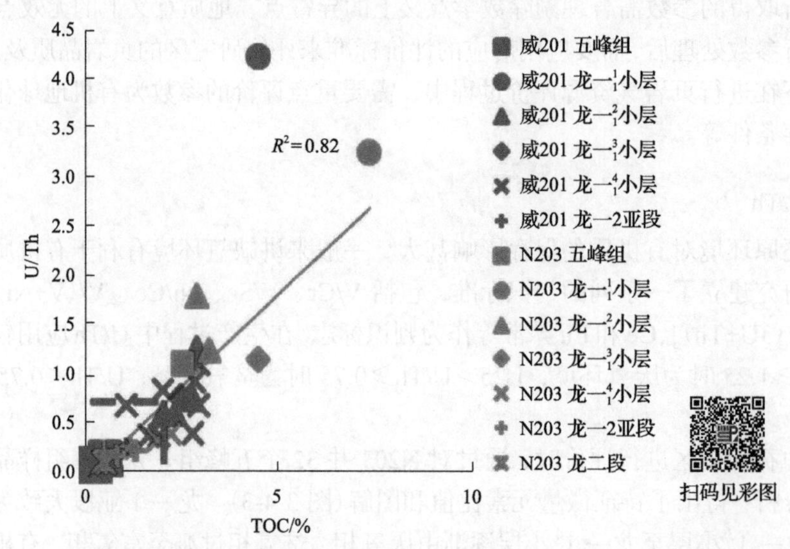

图 3-4-4　长宁—威远地区五峰组—龙马溪组 TOC-U/Th 相关系图

（三）成熟度

对于热成因的页岩气，过高或者过低的成熟度都不利于页岩气的勘探，Cardott 统计了 Woodford 的 1996 口页岩气井的生产资料，显示所有最高产的井 R_o 值都在 2.0%～3.0%，R_o<1.3%或者 R_o>4%都是低产井或者干井，Woodford 页岩在盆地西南区域成熟度变化极快，从生油窗到凝析油窗到生干气窗也就 20km 的距离，高产井和低产井的最重要差异就是成熟度。一般 R_o<1.3%的页岩气以生油为主，总的生气量比较低，R_o>1.3%才进入二次裂解生气高峰阶段，所以页岩气的有利区一般 R_o>1.3%。四川盆地海相页岩整体成熟度都大于 1.8%，不存在 R_o 下限的技术问题，重点是 R_o 的技术上限。

成熟度过高的页岩，古埋深大，成岩作用强，孔隙度会逐渐减少，对于 R_o>3.5%的页岩气，孔隙度一般都小于 3%，特别是有机质微孔在 R_o>3.5%会有一个明显减少，不利于吸附或者游离气保存。同时，R_o>3.5%的有机质氮气生成量开始明显增加。黏土矿物中氨根分解也可以生成氮气，过高的氮气同样不利于页岩气勘探。

近期在长宁西（天宫堂、楼东）勘探显示，R_o>3.5%的富有机质页岩段存在导电现象，这个现象在合江、巫溪、永善、昭通、西昌等地大面积存在，北美也有有机质内部结构和组成发生明显变化的证据，实测孔隙度和含气量都要远低于长宁主体地区。北美 R_o>3.5%的富有机质页岩基本都是导电的，被认为是有机质无序碳纳米结构变化造成的，多方面证据表明 R_o>3.5%的页岩勘探开发风险大（图 3-4-5）。

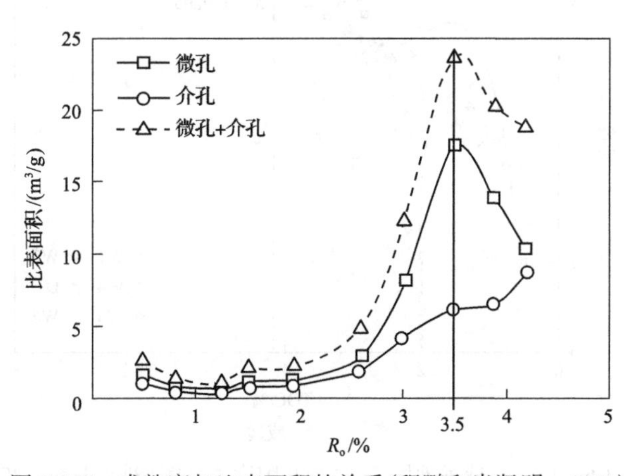

图 3-4-5　成熟度与比表面积的关系（程鹏和肖贤明，2013）

综上所述，认为页岩成熟度的上限为 R_o=3.5%，下限为 R_o=1.3%。

（四）孔隙度

根据川南长宁和威远地区页岩储层 TOC 与孔隙度的关系，TOC 从 0%增加到 2%时，孔隙度迅速增加，表征了有机孔的大量增加，当 TOC 达到 2%以上时，孔隙度增加幅度减小，甚至出现下降的趋势，但满足 TOC 大于 2%时，孔隙度几乎都在 3%以上（图 3-4-6），因此孔隙度有利区下限值应在 3%左右。另外，孔隙度小于 5%时，其与 TOC 的线性关系明显，但当孔隙度大于 5%时，趋势线出现明显拐点，而孔隙度越大，则储层页岩气的空间越大，反之亦然，因此，中石油矿区将核心区的孔隙度下限值确定为 5%，远景区的孔隙度下限值确定为 2%。

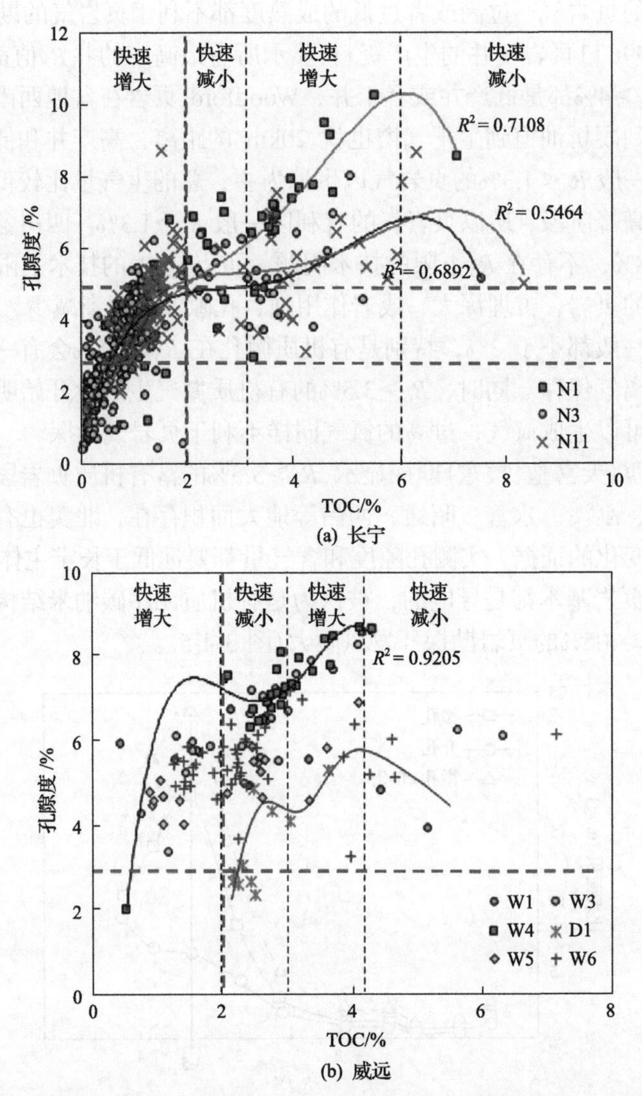

图 3-4-6　长宁—威远地区 TOC 与孔隙度关系图(刘文平等，2017)

(五)资源丰度

考虑成藏特征与地质条件，优选刻度区作为四川盆地及周缘志留系页岩气资源评价类比标准区。引入压力系数来划分 A、B、C 类区，根据分级建立四川盆地海相页岩气类比参数打分标准，开展评价区石油地质条件研究，按标准对页岩厚度、成熟度、总有机碳含量、物性、保存条件等 12 个参数开展赋值，并根据各参数对页岩气富集影响程度差异确定不同权值进行加权，与刻度区进行地质类比(表 3-4-12、表 3-4-13)，求出两者之间的类比相似系数。根据类比相似系数及刻度区资源丰度，得出类比区资源丰度(表 3-4-14、表 3-4-15)。

表 3-4-12 不同刻度区不同类型页岩资源类比资源丰度汇总

刻度区类型	刻度区名称	面积资源丰度/(亿 m^3/km^2)
背斜型	焦石坝	10.24
	南川	5.54
向斜型	长宁	6.96
斜坡型	威远	5.75
	威荣	8.65

表 3-4-13 不同刻度区不同级别页岩资源类比资源丰度汇总

资源丰度分类分级	面积资源丰度/(亿 m^3/km^2)		体积资源丰度/(亿 m^3/km^3)	
	涪陵刻度区	丁山解剖区	涪陵刻度区	丁山解剖区
A 类区	10.96	7.59	132.19	96.33
B 类区	8.90	5.67	104.12	75.29
C 类区		3.99		48.87

表 3-4-14 四川盆地及周缘部分中石化矿区资源量丰度取值表

页岩层系	位置	分级	资源量丰度/(亿 m^3/km^2)	取值方法
志留系	川东高陡构造带	A 类区	106.75	体积类比
		B 类区	89.08	体积类比
		C 类区	69.25	体积类比
寒武系	盆缘高陡构造带	C 类区	41.83	体积类比
二叠系	川东高陡构造带	B 类区	38.99	体积类比
	川东高陡构造带	C 类区	30.32	体积类比
侏罗系	川北低缓构造带	A 类区	38.84	体积类比

表 3-4-15 四川盆地及周缘中石油矿区资源量丰度取值表

计算单元	层系	深度	资源量丰度/(亿 m^3/km^2)	计算单元	层系	深度/m	资源量丰度/(亿 m^3/km^2)
宜汉—巫溪	龙马溪组	4500m 以浅	3.18	内江—犍为	龙马溪组	4500～6000	6.5
忠县—丰都	龙马溪组	4500m 以浅	2.92	大足—自贡	龙马溪组	4500～6000	6.5
长宁	龙马溪组	4500m 以浅	5.37	泸县—长宁	龙马溪组	4500～6000	11.6
威远	龙马溪组	4500m 以浅	4.92	水富—叙永	龙马溪组	4500～6000	7.9
泸州	龙马溪组	4500m 以浅	9.02	璧山—合江	龙马溪组	4500～6000	7.6
渝西	龙马溪组	4500m 以浅	5.92	安岳—潼南	龙马溪组	4500～6000	5.1
老龙坝—高石梯	筇竹寺组	3500m 以浅	1.70	沐川—宜宾	龙马溪组	4500～6000	6.0
	筇竹寺组	3500～4500m	2.20	忠县—丰都	龙马溪组	4500～6000	3.1
	筇竹寺组	大于 4500m	1.25	宣汉—巫溪	龙马溪组	4500～6000	3.4

三、评价参数确定方法

根据计算参数的地质意义，参数分布可划分为均一分布、三角分布、正态分布和对数正态分布等。

有效厚度、密度和总含气量等参数均服从正态分布模型，因此采用正态分布模型积分求取不同条件概率下的参数值。

正态分布原理：假设随机变量 X 服从一个数学期望为 μ、方差为 σ^2 的正态分布，即 $N(\mu, \sigma^2)$。期望值 μ 决定了概率密度函数的位置，标准差 σ 决定了其分布的幅度。通常所说的标准正态分布是 $\mu=0$、$\sigma=1$ 的正态分布。

概率密度函数为

$$f(x)=\begin{cases}\dfrac{1}{\sqrt{2\sigma^2}}\exp\left(\dfrac{x-\mu}{2\sigma^2}\right), & x>0\\ 0, & x\leqslant 0\end{cases}$$

分布函数为

$$F(x)=\frac{1}{2}\left(1+\operatorname{erf}\frac{x-\mu}{\sigma\sqrt{2}}\right)$$

期望值 μ 和标准差 σ 满足：

$$-\infty<\mu<\infty,\quad \sigma>0$$

x 取值范围为 $-\infty<x<\infty$。

对于服从正态分布特点的参数，可以通过以下步骤实现不同概率的赋值。

(1)整理评价单元内所有数据并检查其合理性，包括数据量、数量值及其合理性、代表性、分布的均一性等。

(2)根据有效数据，对参数进行数学统计，得到正态分布概率密度分布函数，即假设评价单元内某一参数的数值分别为 x_1、x_2、x_3、…、x_n，则平均数、方差及正态分布的概率密度函数分布分别可用下列公式表示：

$$\mu=(x_1+x_2+x_3+\cdots+x_n)/n$$

$$\sigma^2=\frac{1}{n}[(x_1-\mu)^2+(x_2-\mu)^2+\cdots+(x_n-\mu)^2]$$

$$\varphi(x)=\frac{1}{\sigma\sqrt{2\pi}}\mathrm{e}^{-\frac{1}{2\sigma^2}(x-\mu)^2},\qquad 0\leqslant x<\infty$$

当参数从最小值变化到最大值时，概率密度积分为 1。当计算数据的最小值和最大值分别为 a 和 b 时，一定概率下的参数赋值即为从 a 到 b 的范围内，从最小值积分到 x 时的面积(即图 3-4-7 中阴影部分)，x 即不同概率下所对应的参数值。

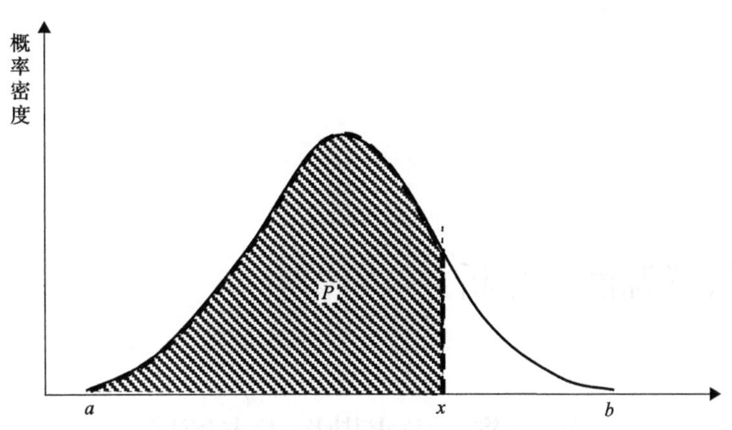

图 3-4-7　正态分布参数的概率密度

(3)对概率密度函数积分即可获得不同概率下参数的对应值，即令积分函数分别等于5%、25%、50%、75%、95%，分别求得相应的结果。如 P_{75} 时的概率赋值，即可按下式计算获得：

$$\int_a^b \frac{1}{\sigma\sqrt{2\pi}} e^{-\frac{1}{2\sigma^2}(x-\mu)^2} dx = 0.75$$

(4)结合累计概率分布，检查取值结果的合理性。

第四章

页岩气资源潜力分析

第一节　未来勘探重点领域

一、近期勘探领域

四川盆地及周缘五峰组—龙马溪组仍是近期勘探的焦点，而部分新层系将成为近期勘探的热点。四川盆地五峰组—龙马溪组中深层(埋深 2000～3500m)页岩气勘探程度较高(张烈辉等, 2021)，“十四五”期间页岩气勘探重点主要体现在三个“新区”和一个“新层系”。三个“新区”是盆内深层(埋深 3500～4500m)、超深层(埋深大于 4500m)和周缘浅层(埋深小于 2000m)，一个“新层系”是上二叠统吴家坪组海相页岩层系。

(一) 盆内五峰组—龙马溪组深层(埋深 3500～4500m)

四川盆地五峰组—龙马溪组深层页岩主要位于川南泸州、渝西、威远南部以及川东南地区。五峰组—龙马溪组沉积时期，泸州—渝西等地区位于深水陆棚相的沉积中心区域，页岩储层厚度大，页岩储层总有机碳含量、孔隙度、脆性矿物含量和含气量高，保存条件好，深层页岩气分布面积广、资源潜力大(王世谦，2017)。

深层页岩气呈现良好的勘探前景。2009～2019 年，荷兰皇家壳牌石油公司和英国石油公司等国际石油公司照搬北美技术，在川南地区探索五峰组—龙马溪组深层页岩气，但均以失败退出。2016 年，中石油完钻的 L202 井测试日产量 13 万 m^3，开启了四川盆地深层页岩气自主评价。2018 年，中石化在威荣区块探明页岩气地质储量 1247 亿 m^3，实现了深层页岩气的有效开发。2019 年，中石油在泸州区块完钻的 L203 井，垂深 3893m，获得测试产量 138 万 m^3/d，树立了页岩气单井测试产量的标杆(陈更生等, 2021)；其后，威远、泸州区块又有多口井获得 40 万～50 万 m^3/d 的页岩气高产，展示了川南地区深层页岩气巨大的勘探开发潜力。与此同时，中石化在川东地区的深层页岩气勘探也获得了重大突破。2019 年，东溪地区东页深 1 井，垂深 4270m，获得测试产量 31 万 m^3/d；2021 年，东页深 2 井，垂深 4300m，获得测试产量 41.2 万 m^3/d；2022 年，丁页 7 井，垂深 4400m，获得测试产量 42.8 万 m^3/d。

目前，中石油、中石化正积极推进四川盆地深层页岩气勘探开发，预计“十四五”期间深层将探明万亿立方米页岩气储量，建成 1～3 个百亿立方米年产量页岩气田。

（二）盆内五峰组—龙马溪组超深层（埋深大于4500m）

四川盆地五峰组—龙马溪组超深层区域主要位于川南地区（重庆—綦江—赤水—长宁—沐川一带）以及川东、川北地区。中石油和中石化目前在超深层实施的直井已经证实超深层页岩的储层品质和厚度并没有随着埋深增大而受到破坏。例如，中石化在重庆梁平地区部署实施的普顺1井（垂深5917～5971m），该井富有机质页岩厚度为44m，TOC介于5%～6%，孔隙度介于4.0%～8.5%，现场解吸气量介于2.0～2.5m^3/t，于2020年8月完成直井储层改造施工，压裂成功后持续放喷多日，放喷口点燃火焰高达5m；再如中石油在泸州南部沙溪沟向斜部署实施的L211井（垂深4900m），该井富有机质页岩厚度为18.4m，TOC介于2.8%～4.4%，平均为2.7%，脆性矿物含量介于68.2%～76.6%，平均为73.4%，测算压力系数为2.0时总含气量介于2.2～2.7m^3/t，平均为2.5m^3/t，现场解吸气量介于0.15～2.05m^3/t，平均为1.04m^3/t。超深层页岩各项储层参数和现场解吸气量均与中浅层和深层的页岩气井基本相当，页岩气资源潜力大。随着超深层压裂工艺技术的提高，超深层页岩气资源将得到有效动用。

（三）四川盆地周缘五峰组—龙马溪组浅层（埋深小于2000m）

四川盆地周缘五峰组—龙马溪组浅层勘探具有一定潜力。2019年，中石油在盆地南缘的太阳—大寨地区浅层获得页岩气重大突破，探明地质储量1359.5亿m^3，落实含气面积350km^2，产层主体埋深500～2000m，水平井平均产量6.3万m^3/d，其中Y102H1-4井，垂深813m，测试产气9.3万m^3/d。2021年，中石油在邻近的海坝区块提交探明地质储量1217亿m^3，多口井在埋深1000m以浅获得较高产量，其中YS137H4井组，埋深800m左右，单井平均测试产量6.0万m^3/d；YS153H1井组，埋深500m左右，单井平均测试产量4.6万m^3/d；YS159H井，埋深315m，测试产量1.0万m^3/d。同时，中石化在盆缘武隆区块完钻的坪地1HF井，埋深979m，测试产量1.1万m^3/d。四川盆地周缘浅层页岩气取得的重要进展，开拓了南方地区页岩气勘探开发的新思路。

（四）上二叠统吴家坪组

上二叠统吴家坪组海相页岩与龙潭组海陆过渡相页岩为同期异相。中—晚二叠世，四川盆地受东吴运动和峨眉山玄武岩喷发作用的影响，盆地古地势呈现北东低、南西高的地理格局，盆地内北东—南西向依次为开阔台地相、深水陆棚相、浅水陆棚相、潮坪相、滨岸沼泽相及河流相，岩性组合及泥页岩层厚度在纵向、横向上变化较大。由于该期海侵规模较小，在该盆地南部形成了以海陆过渡环境为主，发育龙潭组，而盆地北部的广元、旺苍、宣汉、梁平一带则为海相沉积环境，发育吴家坪组。龙潭组/吴家坪组埋藏深度小于4500m范围主要分布在川南和川东地区，川南以低陡构造为主，构造简单；川东以高陡构造为主，构造相对复杂。从平面分布上看，龙潭组/吴家坪组泥岩在四川盆地不同区域分布情况有着较大的差异。川西南地区主要发育火山岩，川中地区发育海陆过渡相泥页岩夹煤层，而川东北地区则发育海相石灰岩夹灰黑色页岩。

吴家坪组页岩的干酪根类型主要为偏腐泥混合型，R_o介于1.9%～3.1%，处于高—过成熟生干气阶段。页岩 TOC 介于 0.4%～8.4%，平均为 4.5%。在纵向上，吴家坪组海相页岩的富有机质页岩(TOC＞2%)集中发育，累积厚度介于 20～40m。岩心物性分析结果表明，吴家坪组孔隙度介于 2.0%～8.0%，平均为 6.7%；页岩的脆性矿物含量相对较高(50%～60%)(杨跃明等，2021)。

2020 年，中石化在湖北恩施利川红星地区完钻的红页 1HF 井，垂深 3300m，吴家坪组二段测试产气 8.9 万 m^3/d，取得了二叠系海相页岩气勘探的重大突破。2021 年，该区新完钻的红页 2HF 井全烃显示平均 22.5%，油气显示优于红页 1HF 井，目前正在组织压裂测试。2022 年，中石化在该区提交页岩气预测储量 1051.03 亿 m^3。

初步研究预测，四川盆地及周缘上二叠统吴家坪组海相页岩气有利区勘探面积超过 4 万 km^2，该领域的突破对推动中国南方地区二叠系页岩气勘探开发具有里程碑意义。

二、中长期勘探领域

四川盆地及周缘除了现今已规模开发的五峰组—龙马溪组海相页岩和已实现重大突破的上二叠统吴家坪组外，还有下寒武统筇竹寺组海相页岩、下二叠统茅口组海相页岩、下侏罗统陆相页岩三套页岩层系，也具有一定的勘探潜力，中长期可能成为新的页岩气储量产量增长点。

(一)下寒武统筇竹寺组

2009 年以来，针对川南地区下寒武统筇竹寺组页岩，中石油和中石化在威远、沐川和长宁等地区已完钻威 201、威 207、N206、N208、宜 210、金页 1HF、金石 1 等多口筇竹寺组页岩气井，测试产量介于 0～4.05 万 m^3/d，总体生产效果较差，未获得重大突破。通过近年深入研究，认为前期勘探主要在德阳—安岳裂陷槽外，页岩储层品质较差，裂陷槽内页岩储层品质更好，可能具有一定的勘探潜力。四川盆地筇竹寺组页岩沉积相受德阳—安岳裂陷槽控制，裂陷槽内为深水陆棚相，槽外则为浅水陆棚相。裂陷槽内筇竹寺组优质页岩厚度大，页岩储层总有机碳含量、孔隙度和含气量较高，储层品质和保存条件较裂陷槽外好。筇竹寺组历史埋深较大，经过后期构造抬升后，除川中威远古隆起及川南泸州隆起外，四川盆地内部筇竹寺组现今底界埋深仍普遍超过 4000m。与五峰组—龙马溪组页岩相比，筇竹寺组页岩的埋深大、热演化程度超高以及底部不整合面是制约其页岩气勘探开发的关键因素。

筇竹寺组页岩储层厚度和品质受德阳—安岳裂陷槽控制，在拉张槽内部优质页岩厚度较大、超压、孔隙发育更好。裂陷槽内存在着含气性较好的区域，在埋深适宜的条件下，将形成有利的页岩气富集区，是中长期勘探开发的有利领域。

(二)下二叠统茅口组

川东南地区茅一段为缓坡有利沉积亚相，水体自西向东逐渐加深，岩性以灰色泥灰岩、泥晶灰岩为主，富含生屑，含气显示好，在赤水—丁山—焦石坝一带相对有利，厚度大(大于 100m)，泥质含量高(最高 20%)，是勘探的有利区带。茅一段内部又以灰色泥灰岩发育层段为有利储层，有机质丰度较高，TOC 在 1%左右；物性较好，孔隙度接近

3%；可压裂性好，脆性矿物含量超过 90%。

茅一段整体展布稳定，区域上连片分布，是页岩气勘探的有力接替层系，可持续开展探索。

(三) 下侏罗统

下侏罗统主要发育三套湖相富有机质页岩，自下而上分别为自流井组东岳庙段、大安寨段和凉高山组，其中大安寨段泥页岩单层连续厚度大(15～45m)，夹层较少，是当前页岩气勘探评价的主要对象。在早侏罗世，四川盆地主体为湖泊沉积环境，湖盆中心位于川中仪陇—川东万州一带，由中心向四周依次为半深湖区—浅湖区—滨浅湖区—滨湖区，在盆地北缘及西缘发育三角洲、冲积扇，有丰富物源供给，其中富有机质页岩层段主要发育半深湖亚相。大安寨段泥页岩有机质类型主要为偏腐泥混合型—偏腐殖混合型，TOC 主要介于 1.2%～2.0%，平均为 1.46%，具较强的生烃能力。R_o 介于 0.8%～1.4%，油气共生，其中生气区主要位于龙岗—平昌地区。岩心孔隙度主要介于 4%～8%，平均为 6.8%，储集物性较好。该套湖相页岩主要的矿物类型为石英、方解石、黏土矿物等，其中脆性矿物含量主要介于 54%～77%，平均为 68%，有利于压裂施工改造。此外，根据钻井资料，川中地区大安寨段地层压力系数介于 1.01～1.79，大部分地区大于 1.20，普遍具有超压特征。大安寨段页岩的主要埋深介于 1400～2500m，埋深相对较浅。由此可知，四川盆地侏罗系陆相页岩层系普遍受沉积相及物源影响，具有灰岩、泥岩、砂岩频繁互层，页岩连续厚度小，黏土矿物含量高，有机质热演化程度低和层内油气共存等特征；而较高的孔隙度、较浅的埋藏深度、地层超压等则是页岩气勘探开发的有利因素。

侏罗系油气勘探工作起步早，早期以川中大安寨段介壳灰岩致密油为勘探开发的重点，当时钻遇的大安寨段页岩层段就有良好的油气显示。近年来，中石化在川东及川东北的元坝、涪陵及建南地区大安寨段、东岳庙段泥页岩中均发现良好的天然气显示，测试产量为 0.26 万～50.70 万 m^3/d。中石油在平昌凹钻探的平安井在凉高山组页岩钻获高产工业油气流。初步勘探实践表明，川东及川东北地区下侏罗统具有较好的页岩气勘探前景。

第二节 储量、产量趋势预测

一、储量增长趋势

目前，我国页岩气储量、产量全部来自四川盆地及周缘，年新增探明地质储量变化较大。2014 年，我国第一个页岩气田——涪陵焦石坝气田，探明地质储量 1067.50 亿 m^3；2015 年全国新增探明页岩气地质储量 4373.79 亿 m^3；2016 年没有新增探明储量；2017 年全国新增探明页岩气地质储量 3767.60 亿 m^3；2018 年全国新增探明页岩气地质储量 1246.78 亿 m^3；2019 年全国新增探明页岩气地质储量 7644.24 亿 m^3；2020 年全国新增探明页岩气地质储量 1918.27 亿 m^3；2021 年全国新增探明页岩气地质储量 7453.83 亿 m^3。截至 2021 年底，我国累计探明页岩气地质储量 27472.01 亿 m^3。

基于页岩气勘探开发进展及对资源的地质认识，考虑到技术进步、投资环境改善、政策扶持、管网建设等良性因素的促进作用，采用多旋回哈伯特模型对 2035 年前四川盆地及周缘页岩气的探明地质储量进行预测。

用 4 个哈伯特旋回拟合 2014～2021 年的页岩气探明地质储量变化曲线，并预测 2022～2035 年的变化趋势，拟合得到预测公式：

$$R=\frac{1\times 1026.7098}{1+\cosh[0.9497\times(t-2014)]}+\frac{2\times 4718.6898}{1+\cosh[4.4710\times(t-2021)]}+\frac{2\times 2315.1527}{1+\cosh[0.1914\times(t-2029)]}+\frac{2\times 3566.3931}{1+\cosh[0.1110\times(t-2040)]}$$

式中，R 为每年新增的页岩气探明地质储量，亿 m^3；t 为年份，年。

预测结果显示：2035 年之前，我国页岩气地质储量稳步增长，其中 2022～2025 年年均探明 3524 亿 m^3；2026～2030 年年均探明 4610 亿 m^3；2031～2035 年年均探明 5051.10 亿 m^3。2022～2035 年可累计探明储量 59170.06 亿 m^3，年均探明地质储量 4551.54 亿 m^3。按页岩气地质资源量 47.69 万亿 m^3 考虑，2035 年的资源探明程度为 19%，属于勘探早期，仍然具有很大的潜力（图 4-2-1）。

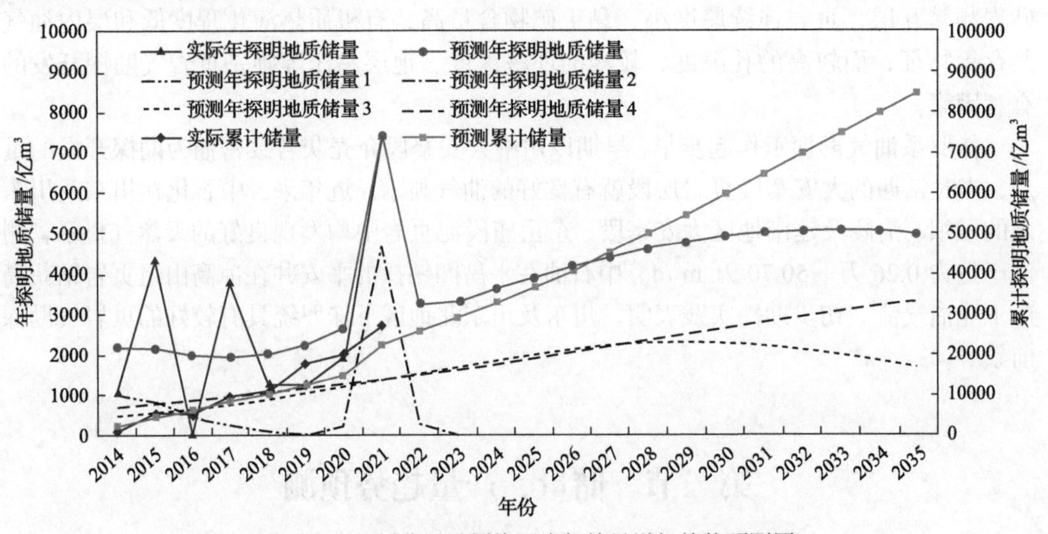

图 4-2-1　四川盆地及周缘页岩气储量增长趋势预测图

二、产量增长趋势

（一）基于多旋回哈伯特模型的产量预测

自 2014 年页岩气产量正式公布以来，四川盆地及周缘页岩气产量呈现快速增长趋势。2014 年产量 10.81 亿 m^3，2015 年产量 44.71 亿 m^3，2016 年产量 78.82 亿 m^3，2017 年产量 89.95 亿 m^3，2018 年产量 108.81 亿 m^3，2019 年产量 153.84 亿 m^3，2020 年产量 200.55 亿 m^3，2021 年产量 228.40 亿 m^3。截至 2021 年底，四川盆地及周缘累计页岩气产量 921.06 亿 m^3（含 2014 年前产量）。

基于页岩气勘探开发进展及对资源的地质认识，考虑到技术进步、投资环境改善、政策扶持、管网建设等良性因素的促进作用，采用多旋回哈伯特模型对 2035 年前四川盆地及周缘页岩气产量进行预测。

用 4 个哈伯特旋回拟合 2014～2021 年的页岩气产量变化曲线，并预测 2022～2035 年的变化趋势，拟合得到预测公式：

$$P=\frac{2\times 18.6851}{1+\cosh[21.2558\times(t-2016)]}+\frac{2\times 201.4861}{1+\cosh[0.4101\times(t-2023)]}+\frac{2\times 350.4960}{1+\cosh[0.4797\times(t-2030)]}+\frac{2\times 783.7954}{1+\cosh[0.2156\times(t-2040)]}$$

式中，P 为当年的页岩气产量，亿 m^3；t 为年份，年。

预测结果显示：2022～2035 年我国页岩气产量快速增长，2022～2025 年年均产量 339 亿 m^3，2025 年达到 392 亿 m^3；2026～2030 年年均产量 563 亿 m^3，2030 年达到 683 亿 m^3；2031～2035 年年均产量 700 亿 m^3，2035 年达到 707 亿 m^3（图 4-2-2）。

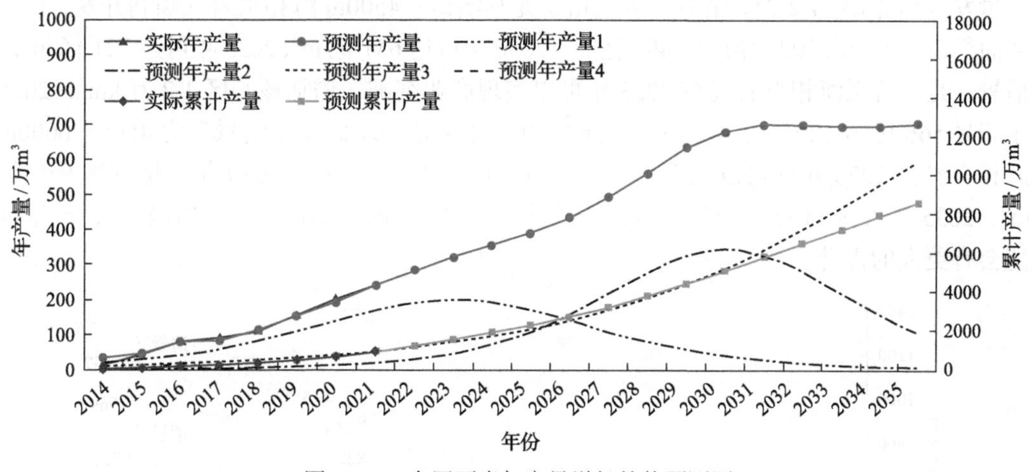

图 4-2-2 全国页岩气产量增长趋势预测图

（二）采用页岩气开采理论模型法的产量预测

根据页岩气成藏条件，确定不同条件的页岩气储层核心区面积（表 4-2-1）。按照单个井场设置 4 口水平井，单井水平段长度 1.5km，井间距 300m，设置井场控制面积为 1.8km^2。按照城镇与村庄等障碍物占用 25%地面进行扣除，井场实际占地面积为 2.4km^2。形成三种情形下页岩气可建设井场数（表 4-2-2）。

根据页岩气开发特点，建立页岩气开采理论模型。志留系龙马溪组小于 4500m 单井产量在 7 万 m^3/d，第一年稳产，第二年、第三年递减 15%，第四年递减率达到 35%，之后递减率逐步降低，第八年之后稳定在 7%，单井 EUR 为 1.42 亿 m^3；二叠系海相页岩单井第一年产量在 5 万 m^3/d，递减率与前同，单井 EUR 为 1.01 亿 m^3；4500～6000m 海相页岩单井第一年产量在 8 万 m^3/d，递减率与前同，单井 EUR 为 1.63 亿 m^3。

表 4-2-1　不同产量方案可供建设核心区面积

储层条件	核心区面积/万 km^2	井场数/个
志留系龙马溪组＜4500m	2.3	9583
二叠系海相页岩	1.2	5000
4500～6000m 海相页岩	0.7	2917

表 4-2-2　不同产量方案需要核心区面积

不同条件	开发时间	钻井成功率/%	2021～2025 年		2026～2030 年	
			新建井场/个	占用核心区面积/km^2	新建井场/个	占用核心区面积/km^2
情景一	2014 年	95	640	1536	1340	3216
情景二	2023 年	95	120	288	520	1248
情景三	2026 年	95	0	0	150	360

根据 2020 年钻完井数据，可推测之后数年资源开发速度与年产量关系，得到页岩气产量发展趋势(图 4-2-3)，情景一为志留系龙马溪组＜4500m 海相页岩气顺利开发，核心区面积 2.3 万 km^2，2025 年产量 498 亿 m^3，2030 年可达 631 亿 m^3，2035 年可达 721 亿 m^3；情景二是二叠系海相页岩气在 2023 年可以实现商业突破，增加核心区 1.2 万 km^2，2025 年产量 566 亿 m^3，2030 年可达 822 亿 m^3，2035 年可达 969 亿 m^3；情景三为 4500～6000m 海相页岩在 2026 年前可以成功开发，增加核心区 0.7 万 km^2，2030 年产量可达 959 亿 m^3，2035 年可达 1157 亿 m^3。如果页岩气行业发展迅速，钻井工作量增速较快，产量可能会有更大的提升。

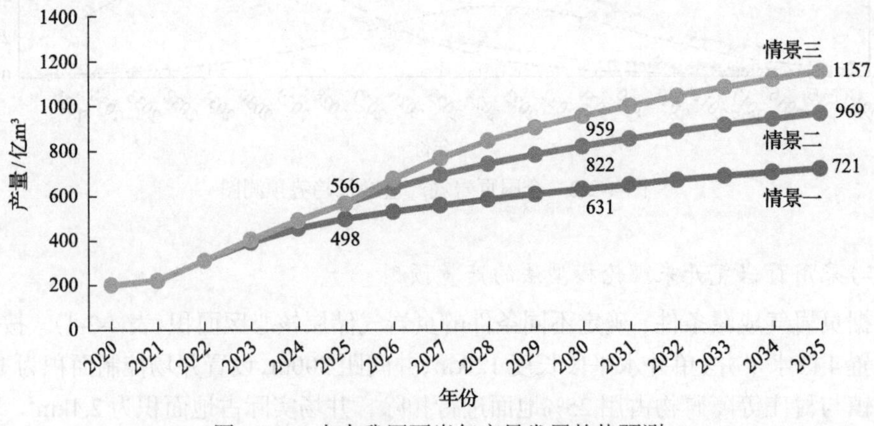

图 4-2-3　未来我国页岩气产量发展趋势预测

第五章

结　　语

四川盆地及周缘是我国页岩气资源最丰富的区域，也是目前我国页岩气探明地质储量、产量最集中的领域。笔者等对国内外页岩气勘探开发进展与地质新认识进行了系统总结，深入分析了四川盆地及周缘页岩气富集条件，结合以往的资源评价成果，应用最新的页岩气资源评价方法建立了完整的关键参数取值标准，系统评价了海相、陆相、海陆过渡相，从下古生界到中生界规模发育的页岩气资源，在此基础上，综合研判指出了四川盆地及周缘未来页岩气勘探重点领域，展望了该区储量、产量的变化趋势，以期对我国未来页岩气发展前景做出较为准确和客观的判断，并对其他地区页岩气的勘探开发提供有益的借鉴。

我国富有机质页岩发育层系多、类型多、分布广。自下古生界至新生界 12 个层系中形成了数十个含气页岩层段。寒武系、奥陶系、志留系和泥盆系主要发育海相页岩，其中上扬子及滇黔桂区海相页岩分布面积大，厚度稳定，有机质丰度高，热演化程度高，页岩气显示广泛。石炭系—二叠系主要发育海陆过渡相富有机质页岩，在鄂尔多斯盆地、南华北盆地和滇黔桂地区最为发育，页岩单层厚度较小，但累计厚度大，有机质丰度高，热演化程度较高，页岩气显示丰富。中新生界陆相富有机质页岩主要发育在鄂尔多斯、四川、松辽、塔里木、准噶尔等含油气盆地中，分布广，厚度大，有机质丰度高，热演化程度偏低，页岩气显示层位多。

综合分析认为，我国海相页岩层系多、分布广泛，已在四川盆地及周缘获得页岩气规模产量，在鄂西等南方外围地区获得重大突破，是现实的页岩气勘探领域；海陆过渡相页岩分布广泛，TOC 较高，成熟度整体较高，具备页岩气成藏条件，但目前单井产量偏低，尚不具备规模效益开发条件，勘探潜力有待探索；陆相页岩的成熟度整体偏低，以生油为主，生气范围小，页岩气产量偏低，局部可能具备规模开采潜力。

四川盆地及周缘主要发育下寒武统筇竹寺组和上奥陶统五峰组—下志留统龙马溪组海相页岩、上二叠统吴家坪组海陆过渡相页岩、下侏罗统自流井组和凉高山组陆相页岩三大类页岩体系，目前上奥陶统五峰组—下志留统龙马溪组海相页岩已实现规模开发，该区的所有探明地质储量和绝大多数产量均来自该层系，主要发育背斜型、向斜型和斜坡型三种富集模式。

国内外用于页岩气资源评价的方法主要有成因法、类比法和统计法三大类，适用于页岩气勘探开发的不同阶段。随着页岩气赋存机理和富集规律认识的不断加深，成因法的适用性下降，目前使用的页岩气地质资源量的计算方法主要为类比法和统计法。其中，类比法包括分级资源丰度类比法和 EUR 类比法两种；统计法包括体积法和曲面积分法两种。可采资源量可直接由地质资源量与可采系数相乘得到。最终评价四川盆地及周缘地质资源量 53.38 万亿 m^3，可采资源量为 9.77 万亿 m^3，其中 80%为下古生界海相页岩气，主要分布在四川、重庆、湖北、贵州、湖南和云南。

综合研判认为，四川盆地及周缘近期页岩气勘探的焦点仍然是五峰组—龙马溪组，其中盆内深层（埋深 3500～4500m）、超深层（埋深大于 4500m）和周缘浅层（埋深小于 2000m）是三个重点领域。上二叠统吴家坪组海相页岩层系将成为近期勘探的热点。下寒武统筇竹寺组海相页岩、下二叠统茅口组海相页岩、下侏罗统陆相页岩三套页岩层系，具有一定的勘探潜力，中长期可能成为新的页岩气储量产量增长点。

预测 2035 年四川盆地及周缘页岩气累计探明地质储量接近 9 万亿 m^3，年产量超过 700 亿 m^3。2035 年之前，四川盆地及周缘页岩气探明地质储量将稳步增长，2022～2035 年可累计新增探明地质储量 5.92 万亿 m^3，年均探明地质储量 4550 亿 m^3。加上原有探明地质储量，2035 年累计探明地质储量接近 9 万亿 m^3。四川盆地及周缘页岩气产量将快速增长，2025 年预计为 390 亿～560 亿 m^3，2030 年预计为 630 亿～960 亿 m^3，2035 年预计达到 700 亿～1150 亿 m^3。

参 考 文 献

蔡勋育, 赵培荣, 高波, 等. 2021. 中国石化页岩气“十三五”发展成果与展望[J]. 石油与天然气地质, 42(1): 16-27.

曹涛涛, 邓模, 刘虎, 等. 2018. 川南-黔北地区龙潭组页岩气成藏条件分析[J]. 特种油气藏, 25(3): 6-12.

陈更生, 吴建发, 刘勇, 等. 2021. 川南地区百亿立方米页岩气产能建设地质工程一体化关键技术[J]. 天然气工业, 41(1): 72-82.

程鹏, 肖贤明. 2013. 很高成熟度富有机质页岩的含气性问题[J]. 煤炭学报 38(5): 737-741.

郭旭升, 胡东风, 文治东, 等. 2014. 四川盆地及周缘下古生界海相页岩气富集高产主控因素——以焦石坝地区五峰组—龙马溪组为例[J]. 中国地质, 41(3): 893-901.

郭旭升, 胡东风, 魏志红, 等. 2016. 涪陵页岩气田的发现与勘探认识[J]. 中国石油勘探, 21(3): 24-37.

郭旭升, 胡东风, 刘若冰, 等. 2018. 四川盆地二叠系海陆过渡相页岩气地质条件及勘探潜力[J]. 天然气工业, 38(10): 11-18.

郭旭升, 李宇平, 腾格尔, 等. 2020. 四川盆地五峰组—龙马溪组深水陆棚相页岩生储机理探讨[J]. 石油勘探与开发, 47(1): 193-201.

郭正吾, 邓康龄. 1994. 四川盆地形成与演化[M]. 北京: 地质出版社.

何登发, 李德生, 张国伟, 等. 2011. 四川多旋回叠合盆地的形成与演化[J]. 地质科学, 46(3): 589-606.

何骁, 吴建发, 雍锐, 等. 2021a. 四川盆地长宁—威远区块海相页岩气田成藏条件及勘探开发关键技术[J]. 石油学报, 42(2): 259-272.

何骁, 李武广, 党录瑞, 等. 2021b. 深层页岩气开发关键技术难点与攻关方向[J]. 天然气工业, 32(11): 118-124.

黄金亮, 邹才能, 李建忠, 等. 2012. 川南志留系龙马溪组页岩气形成条件与有利区分析[J]. 煤炭学报, 37(5): 782-787.

黄仁春, 倪楷. 2014. 焦石坝地区龙马溪组页岩有机质孔隙特征[J]. 天然气技术与经济, 28(3): 15-18, 77.

李仲, 赵圣贤, 冯枭, 等. 2021. 应用大视域拼接扫描电镜技术定量评价页岩孔隙结构——以川南深层渝西区块龙马溪组储层为例[J]. 油气藏评价与开发, 11(4): 569-576.

梁兴, 徐政语, 张朝, 等. 2020. 昭通太阳背斜区浅层页岩气勘探突破及其资源开发意义[J]. 石油勘探与开发, 47(1): 11-28.

刘文平, 张成林, 高贵冬, 等. 2017. 四川盆地龙马溪组页岩孔隙度控制因素及演化规律[J]. 石油学报, 38(2): 175-184.

马新华, 谢军. 2018. 川南地区页岩气勘探开发进展及发展前景[J]. 石油勘探与开发, 45(1): 161-169.

马新华, 谢军, 雍锐, 等. 2020. 四川盆地南部龙马溪组页岩气储集层地质特征及高产控制因素[J]. 石油勘探与开发, 47(5): 841-855.

马永生, 蔡勋育, 赵培荣. 2018. 中国页岩气勘探开发理论认识与实践[J]. 石油勘探与开发, 45(4): 561-574.

聂海宽, 张金川. 2011. 页岩气储层类型和特征研究——以四川盆地及周缘上震旦统—下志留统为例[J]. 石油实验地质, 33(3): 219-224.

聂海宽, 金之钧, 边瑞康, 等. 2016. 四川盆地及其周缘上奥陶统五峰组—下志留统龙马溪组页岩气“源-盖控藏”富集[J]. 石油学报, 37(5): 557-571.

石学文, 周尚文, 田冲, 等. 2021. 川南地区海相深层页岩气吸附特征及控制因素[J]. 天然气地球科学, 41(1): 1735-1747.

唐建明, 熊亮, 魏立民, 等. 2021. 威荣深层页岩气田富集机理与高效勘探技术[M]. 北京: 中国石化出版社.

王世谦. 2017. 页岩气资源开采现状、问题与前景[J]. 天然气工业, 37(6): 115-130.

魏祥峰, 刘珠江, 王强, 等. 2020. 川东南丁山与焦石坝地区五峰组—龙马溪组页岩气富集条件差异分析与思考[J]. 天然气地球科学, 31(8): 1041-1051.

吴建发, 赵圣贤, 范存辉, 等. 2021. 川南长宁地区龙马溪组富有机质页岩裂缝发育特征及其与含气性的关系[J]. 石油学报, 42(4): 428-446.

谢军. 2018. 长宁—威远国家级页岩气示范区建设实践与成效[J]. 天然气工业, 38(2): 1-7.

杨洪志, 赵圣贤, 刘勇, 等. 2019. 泸州区块深层页岩气富集高产主控因素[J]. 天然气工业, 39(11): 55-63.

杨跃明, 陈玉龙, 刘燊阳, 等. 2021. 四川盆地及其周缘页岩气勘探开发现状、潜力与展望[J]. 天然气工业, 41(1): 42-58.

张成林, 赵圣贤, 张鉴, 等. 2021. 川南地区深层页岩气富集条件差异分析与启示[J]. 天然气地球科学, 32(2): 248-261.

张吉振, 李贤庆, 王元, 等. 2015. 海陆过渡相煤系页岩气成藏条件及储层特征——以四川盆地南部龙潭组为例[J]. 煤炭学报, 40(8): 1871-1878.

张烈辉, 何骁, 李小刚, 等. 2021. 四川盆地页岩气勘探开发进展、挑战及对策[J].天然气工业, 41(8): 143-152.

赵建华, 金之均, 金振奎, 等. 2016. 四川盆地五峰组-龙马溪组页岩岩相类型与沉积环境[J]. 石油学报, 37(5): 572-586.

赵圣贤, 杨跃明, 张鉴, 等. 2016. 四川盆地下志留统龙马溪组页岩小层划分与储层精细对比[J]. 天然气地球科学, 27(3): 470-487

周东升, 许林峰, 潘继平, 等. 2012. 扬子地块上二叠统龙潭组页岩气勘探前景[J]. 天然气工业, 32(12): 6-10, 123-124.

朱逸青, 陈更生, 刘勇, 等. 2021. 四川盆地南部凯迪阶—埃隆阶层序地层与岩相古地理演化特征[J]. 石油勘探与开发, 48(5): 974-985.